조선
가구

조선가구

초판 1쇄 2018년 4월 20일

지은이 최공호 외 ◦ 펴낸이 김기창 ◦ 기획 임종수
디자인 銀 ◦ 인쇄 및 제본 천광인쇄사

펴낸곳 도서출판 문사철
주소 서울 종로구 명륜동 2가 4번지 아남A 상가동 3층 3호
전화 02 741 7719 ◦ 팩스 0303 0300 7719
홈페이지 wwww.lihiphi.com ◦ 전자우편 lihiphi@lihiphi.com
출판등록 제300-2008-40호

ISBN 979 11 86853 35 1 (93610)

＊이 저서는 「2015년도 한국전통문화대학교 학술연구 지원사업」의
지원을 받아 수행된 연구임

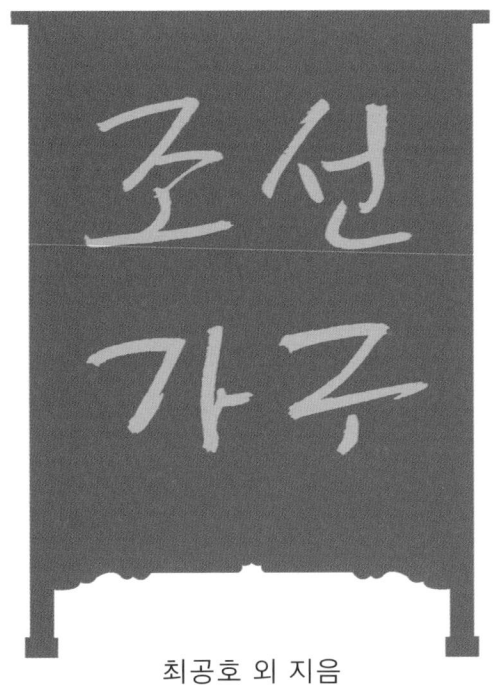

조선 가구

최공호 외 지음

도서출판문사철

머리말　　　　　　　　조선가구를 보는 눈

가구家具의 이름은 본디 세간을 뜻하는 말에서 비롯하였다. 나무로 된 물건에 국한되지 않는 것이다. 시간의 경과에 따라 이름도 본뜻과 달라지게 마련이다. 경위야 어떻든 지금의 가구가 과거에는 세간의 중심이었음을 짐작하기는 어렵지 않다. 홍만선은 『산림경제』 가정편에서 민가에 갖춰야할 세간을 무려 230여 점이나 열거했다. 이 가운데 목제품이 백여 점에 이르는 것도 가구 명칭의 변모와 무관하지 않을 것이다.

　　세간으로 살림의 형편을 가늠한다고 했지만, 가구는 쓰는 사람의 품성도 여실히 반영한다. 만드는 일은 장인의 몫이나 선택하는 것은 주인의 안목인 탓이다. 같은 품목이라도 각자의 생활 패턴과 취향에 따라 선택에 차이를 보이게 되고, 그 기준으로 여러 점이 모이다보면 그 집만의 특징이 드러나게 마련인 것이다. 그래서 오래 곁에 두고 써 온 물건이 주인을 닮게 되는 것은 새삼스런 일이 아니다.

　　가구를 애호하는 연유는 여러 가지겠으나, 조선가구의 첫 인상은 곰삭은 시간의 질감으로 다가온다. 외형보다 질감이 먼저 눈에 밟히는 것이 특이하다. 숱하게 여닫고 매만진 손길이 스쳐 축적된 자잘한 생채기와 켜켜이 내려앉은 세월의 더께가, 그것을 품고 살아온 인생의 무게에 다름없는 까닭이다. 눈 밝은 이들의 감성을 쥐고 흔드는 연유도 여기에 있다. 충직한 쓸모를 통해 수요주체의 실존과 그 궤적이 고스란히 투영되어 우러난 역강한 울림이다. 시선 너머 온몸으로 전해지는 기물의 고유성이요, 공예적 감동의 진원지가 바로 여기이다. 인간 삶의 총체를 한 몸에 품은 에센스.

한 번 쯤은 누구나 좋은 유물 앞에서 발길을 떼지 못한 경험이 있을 것이다. 더욱이 좋은 조선가구 한 점은 눈의 감성에 호소하는 그림에 비할 바가 아니다. 감동의 근저에는 이 밖에도 다른 이유가 더 숨어 있다. 빼어난 비례와 질감 외에도 손길을 따라 후대에 전해진 저력이 단순하지 않은 탓이다. 시공간을 거스르는 힘을 가진 작품을 우리는 '고전'이라 부른다. 조선가구의 명품들은 사람의 선택 이전에 스스로 내뿜는 힘에서 자신의 존재를 증명한다. 도저히 외면할 수 없게 만들며, 대를 이어 전하게 하는 힘. 요즘 말로 지속가능성이다.

이 조건을 충족하려면 외양만 번듯해서는 불가능하다. 겉모양은 한 때의 유행이나 생활양식에 따라 달라지게 마련이다. 미의식이 달라지면 눈 밖에 나기 십상이다. 시간을 건너뛴 출토품이 아니라면, 쓸모가 요긴하지 않은 물건이 삶의 주체들에게서 지속력을 가질 이유가 없는 것이다. 따라서 호흡이 긴 요긴한 쓸모가 기층을 받쳐줄 때 비로소 시간을 거스를 힘이 생성된다. 그렇게 축적된 시간의 질감은 사람의 가슴을 일렁이게 한다. 이런 연유가 아니라면 이 귀한 물건이 우리 앞에 실존할 리가 없다. 이런 유기적 층위를 가진 기물의 가치를 어찌 한낱 겉모양으로만 속단할 수 있겠는가.

조선가구를 제대로 보려면 속내를 들여다 볼 안목이 필요하다. 흔히 말하는 비례와 조형미는 조선가구를 하나의 메스로 판단하는 호사가의 감각에 불과하다. 이들에게는 조선가구가 가진 본디의 의미체계나 만든 이유, 그것이 놓이고 쓰인 환경을 포함하는 궁극적인 수요자의 맥락이 눈에 들어올 리가 없다. 마치 사람을 알아가는 과정에 비견될만하다. 첫인상에서 호감을 가진 뒤에 차츰 그 성품과 기호, 지향하는 삶의 이상까지 파악해가는 과정. 시간이 흐르면 자연스럽게 서로의 사사로운 영역까지 알게 되어 관계가 더욱 깊어지는 이치와 다를 바 없다. 가구를 볼 때 형식을 관통하여 그 너머의 사람을 떠올리고, 수요의 주체가 살아낸 시공간으로 의식의 흐름을 이끄는 것이 중요한 이유이다.

조선가구의 이런 특질은 세월과 더불어 쓰는 이의 손길이 켜켜이 더해져서 감동을 배가시킨다. 작품의 마지막 완성자는 '세월'이라는 말이 실감난다. 사람과 함께 해온 시간이 곧 공예품의 시간에 해당한다. 공예품에서 시간의 경과는 곧 아우라다. 조선가구에 열광하는 이들이 인식하는 가치가 바로 '사람의 시간'이다.

가구는 수요주체의 일상과 긴밀하게 맞물려 있다. 그러니 정신적 아취의 성취물인 문인문화의 그것과는 출발 자체가 다르다. 애당초 가구는 삶의 가장 밑바닥에 발을 딛고 선 겸손한 기물이다. 그럼에도 결과로서 느끼는 형식미의 품격은 결코 녹녹치 않다. 때로는 외려 웬만한 문인화의 수준을 훌쩍 넘어선다. 실용에 바탕을 두면서 동시에 그 결과가 격조 높은 조형적 완결성을 지니는 것은, 그만큼 여러 요건에 두루 빼어나다는 증표다. 일상에서 꽃 피운 고전, 조선가구의 정수가 여기에 있다.

문화유산에 담긴 무형의 가치는 역시 특별한 소명과 깊은 눈을 지닌 이들의 섬세한 손길에 의해 시간을 거슬러 거듭 태어난다. 기물을 만든 이는 소목장이지만, 곰삭은 시간의 질감이 안겨주는 울림은 수요자의 몫이다. 소소한 기물 한 점을 일상의 고전으로 여겨온 수요자의 정성이 오늘의 시간대를 다시 살게 해준 고마운 동력이다.

이 책은 우리 대학이 지원한 학술연구의 소박한 성과물이다. 무형유산학을 전공하는 학생들에게 공부할 기회를 주고자 시작한 일이었다. 지난 한 해 동안 대학원생과 함께 조선가구의 여러 면모를 짚어보는 기회를 가졌다. 공예의 정수에 다가가기 위해 형식미를 넘어 기술문화적 전체상을 입체적으로 구성해보려는 시도였다. 따라서 각 장은 책임을 맡은 연구자가 서술을 주도하는 방법으로 진행하였다. 그러나 결과는 당초 뜻한 바에 턱없이 모자란다. 무형유산학의 학문적 토대가 전무한 상태에서 장차 큰 건물을 염두에 두고 주춧돌 하나를 겨우 놓은 셈이다.

공부하는 과정에서 여러 선생님들의 도움을 받았다. 같은 학과 최영성 교수님은 연구진에 함께 참여하여 까다로운 한문 원전을 일일이 풀이해주셨고, 유물의 실증은 김삼대자 선생님과 신탁근 관장님이 평생을 쌓은 귀한 경험을 아낌없이 나눠주셨다. 모자란 부분은 차츰 채워갈 것을 기약할 밖에 지금은 달리 도리가 없다.

2018년 3월
저자들을 대신하여 최공호

차례

머리말 조선가구를 보는 눈   5

1장   소목장의 신분과 지위   13

    1. 소목장의 신분 13
    2. 소목장의 성장 경로 19
    3. 역할과 활동 범위 22
    4. 소목의 제작과 유통 26

2장   목재의 쓰임과 특성   33

    1. 목재의 특성과 활용 33
    2. 목재 다루기 41

3장   목공구와 연장   45

    1. 목공구 45
    2. 규구 66

4장   결구와 짜임   71

    1. 결구의 기원과 발달 71
    2. 결구법의 분류 73
    3. 조선가구의 구조와 대표적 짜임 기술 75

5장   조선가구의 구조 특성   83

    1. 쓰임에 따른 구조 86
    2. 공간에 따른 구조 97

6장 옻칠과 칠장의 소임   103

    1. 칠의 역사와 재료적 특질 103
    2. 칠장의 소임 119
    3. 칠장의 활동과 협업 130
    4. 목공예와 칠의 관계 140

7장 지역성과 명산지   149

    1. 문화적 환경과 구조 149
    2. 재료의 산지와 명산품 153
    3. 반닫이의 지역성 159

8장 조선가구의 미의식   167

    1. 조선가구를 보는 눈 167
    2. 조선가구의 조형 얼개 168
    3. 함께 만들고 더불어 써온 가구 172
    4. '시중은일', 혹은 일상 속의 탈속 181
    5. 현재를 사는 가구 전통 185

부록 『임원십육지』 팔역장시의 지역   189

참고문헌   215

1장
소목장의 신분과 지위

1. 소목장의 신분

소목장小木匠은 나무를 다뤄 집안의 세간을 만드는 장인을 말한다. '소목장'의 명칭은 중국 송나라 때 이계李誡(미상-1110)가 편찬한 건축 기술서인 『영조법식營造法式』(1103)의 대목과 소목의 작업분류에 따른 것으로 대목장大木匠은 건축물의 구조를 짜고 형태를 만들고, 소목장은 창호 등 건축물의 내부 및 비교적 세밀한 기술을 사용하는 기물을 만든다.[1]

현재 소목장은 무형문화유산의 가치를 인정받아 1975년 제55호 국가무형문화재로 지정되었다. 그렇다면 소목장은 언제부터 등장했을까. 소목기술과 소목장을 파악하는데 우리나라 목공예품의 기원은 중요한 단서가 된다. 제작품과 제작주체는 상호 긴밀한 연관관계를 갖기 때문이다.

---

1   李誡, 『營造法式』 2, 卷5-12.; 김삼대자, 『소목장』, 국립문화재연구소, 2003, p.6. 참고.

우리나라에서 목공예품을 언제부터 사용했는지 명확한 시기는 알 수 없으나 문헌 기록과 출토 유물로 미루어 적어도 2천여 년 전부터 사용되었던 것으로 추측할 수 있다. 대표적인 것은 1988년 경남 창원시 의창구 다호리 유적에서 출토된 기원 1세기 전후의 유물들인데, 통나무 목관과 대소쿠리, 소형 목심칠기 상자가 발굴되었다.[2]

삼국 및 통일신라의 생활과 문화를 살펴볼 수 있는 대표적인 문헌인 『삼국사기三國史記』(1145)와 『삼국유사三國遺事』(1281)에서도 가구에 대한 기록을 찾아 볼 수 있다. 이 문헌에 궤櫃와 통桶, 탑榻, 상床, 서안書案과 같은 여러 종류의 가구 명칭이 등장한다. 고구려의 쌍영총, 무용총, 사신총, 각저총 등의 고분 벽화에도 평상, 의자, 탁자 등의 그림이 있어 당시 생활상과 더불어 가구의 사용 장면을 확인할 수 있다.[3]

현존하는 유물 가운데 비교적 보존이 잘 되어 있는 목공예품으로는 고려시대의 보조국사 원불인 목조3존불감佛龕 · 경패經牌 · 나전경함 · 홍무 21년명(1388) 수궤竪櫃 · 탁잔托盞 등을 통해서도 나무를 다루는 장인 기술의 우수성을 짐작할 수 있다.[4]

특히 『삼국사기』에는 도성의 행정을 담당하는 전읍서에 목수의 역할을 했던 것으로 추정되는 목척木尺 70인이 소속되었다는 기록이 남아있다.

신라에는 도시행정을 관장하는 전읍서典邑署에 사史 16명, 목척 70

---

2 김삼대자, 『한눈에 보는 소목』, 문화체육관광부 · 한국공예디자인문화진흥원, 2013, p.32.
3 김삼대자, 앞의 책, 2013, p.33.
4 김삼대자, 앞의 책, 2013, p.10.

명을 두었다 하였다.[5]

위의 기록에서 목척은 목수로서 대목을 뜻하는 것으로 신라시대 이미 목수가 존재했음을 확인할 수 있다. 또한 대목과 소목을 별도 구분 없이 목수로 기록하고 있는 점을 통해 당시에 나무를 다루는 장인이 분야를 가리지 않고 교차하여 참여했을 것으로 짐작한다. 이와 같은 사실은 백제의 12개 내관內官 중 토목에 관한 일을 담당하는 목부木部[6]의 존재와 통일신라시대 목물과 연관된 관서가 4개로 늘어난 사실로도 뒷받침된다. 목물과 연관된 통일신라 관서를 정리하면 [표1]과 같다.

표 1. 통일신라시대 목물과 연관된 관서

부서명	관장한 일
마전(磨典)	갈이틀로 목기 등을 제작하던 관서
궤개전(机槪典)	궤(机)와 반상류(盤床類)의 제작을 관장한 관서
양전(楊典)	버들가지나 대나무로 엮은 상자의 제작을 관장한 관서
칠전(漆典)	기물의 옻칠을 맡은 관서

궤개전(机槪典)의 경우, 밥상·책상·의자 등 여러 목물을 함께 다루는 관서로, 신라시대 가구 제작을 담당했던 장인들은 일을 세분화하기 보다는 통합적으로 관여했을 가능성이 높다.

고려시대 수공업은 관청수공업·소수공업·사원수공업·민간수

---

5 『三國史記』卷38,「雜志」7, "職官"上.
6 『三國史記』卷40,「雜志」9, "職官"下.

공업으로 구성되었는데[7] 수도 개경과 그 주변에는 관공장이 있었으며, 외방에는 수공업 집단인 소所가 있었다.[8] 특히 관청수공업에 종사하던 장인들은 각부에 소속되어 국가와 왕실 수요의 공예품을 제작하여 공물로 바쳤다.

『고려도경高麗圖經』(1123) 제19권 「공기工技」에서,

> 고려는 공장의 기술이 지극히 정교하여 그 뛰어난 재주를 가진 이는 다 관아에 귀속되는데…[9]

라는 기록은 당시 우수한 소목장은 국가에서 관리했음을 알 수 있다.

『고려사高麗史』 기록에서는 11세기 중엽 문종 연간에 작성한 별사別賜명단을 찾을 수 있는데, 목공예 기술별로 분업화했다.[10] 목공예와 관련된 관서 및 장인을 정리하면 [표2]와 같다.

표 2. 목공예품 관련 부서와 장인

관서명	장색명	관장한 일
중상서 (中尙署)	소목장(小木匠), 조각장(彫刻匠), 나전장(螺鈿匠), 주렴장(珠簾匠), 죽저장(竹綿匠), 소장(梳匠), 마장(磨匠)	임금이 쓰는 기구와 장식물 등의 목물 제작을 담당
도교서 (都校署)	목업(木業), 조각장(彫刻匠)	나무를 다루는 전반적 일과 조각하는 일을 담당
상승국 (尙乘局)	안교장(鞍轎匠)	임금의 수레와 말안장을 담당

7 강만길,『한국사』 5 ,「수공업」, 국사편찬위원회, 1975. 참고.
8 금소, 은소, 동소, 철소, 자기소 등이 그것이다. 각 소에서는 그 생산물을 공물로서 수납했다.
9 『高麗圖經』卷19,「工技」.
10 『高麗史』卷第80,「食貨志」3.

『경국대전經國大典』에 의하면 조선시대의 관청수공업은 중앙관청에 소속한 경공장과 지방관청에 소속한 외공장으로 구성되었다. 조선시대 수공업 기술과 관련한 부서로는 공조工曹, 선공감繕工監, 공조서工曹署 등이 있었으며, 공조는 공장을 조작造作하는 일을, 선공감은 재목과 영선의 일을, 공조서는 죽물竹物의 일을 관장했다.[11]

조선 초기 가구나 공예품 등 생활용품을 만드는 전문적인 장인들은 사회의 최하층인 천민, 사노寺奴(고려시대부터 절에 예속되었던 노비), 거란과 여진 등에서 귀화한 집단 부족 등을 관에 예속시켜 지배계급의 위의를 갖추기 위한 장식품을 만드는데 종사하도록 했다.[12]

조선의 경공장은 1415년 태종이 선공감에 명하여 숙련된 목수 100명을 선발하여 장부에 올리게 한 것에서 비롯한다. 한편 세종은 공조에 있는 각색 장인의 수가 부족하므로 양민, 공천公賤, 별호別戶의 사천私賤이라도 재주 있는 자는 공장工匠이 스스로 고하여 채우되, 사사로이 배운 자가 없으면 각 관청의 노자奴子로 견습생으로 두었다가 결원이 생기면 보충하도록 법률로 정했다.[13]

『경국대전』 공전에서는, 129종의 경공장 안에 대목장과 소목장으로 분류하지 않고, 목장이라는 명칭으로 통합하여 기록했다. 그러나 『조선왕조실록』 및 『의궤儀軌』 등의 문헌기록에서 소목장의 명칭이 등장하는 것을 미루어 볼 때, 제작 현장에서는 기술별로 대목장과 소목장을 구분했음을 알 수 있다.

---

11 『高麗史』卷第80,「食貨志」3.
12 김삼대자,「한국의 전통 목가구」Ⅲ,『古美術』Vol.29, 1991, p.37.
13 김삼대자, 앞의 책, 2003, p.12.

선공감에 명하여 목수의 적籍을 두게 하였다. 선공감에 새로 소속된 목수 안에서, 본 주인이 데리고 있는 종과 외방에 사는 사람을 제외하고, 그 전의 소속을 통산하여 재주가 숙련된 자 1백 명을 선택하여 적에 올리게 하였다.[14]

병조와 군기감 제조提調가 공장들을 격려하고, 인수人數를 증가할 조건을 의논하여 아뢰기를, 앞서 본감(本監)의 장인이 7, 8백여 명이었는데, 이제는 3백여 명에 불과 하옵니다. …… 소목장은 9명이니 11명을 더하고, ……[15]

병조兵曹에서 아뢰기를 …… 소목장은 21인이고, …… 선공감 목수는 100인인데[16]

위의 기록들을 보면, 1415년(태종 15) 태종이 선공감에 명하여 숙련된 목수 100명을 선발하고 장부에 올리게 했으며, 1434년(세종 16)에는 병조와 군기감 제조가 공장을 격려하고 증원을 건의했다.

앞서 살펴본 바와 같이, 『경국대전』이 찬술된 초기인 1460년(세조 6)에는 병조의 소목장은 21인, 선공감의 목수는 100인이 국가의 공역을 담당했으며, 소목장과 대목장을 분리한 것을 통해 소목장의 활동이 이루어졌음을 알 수 있다. 뿐만 아니라, 왕실과 관용물품 제작에 종사한 목木·죽竹·칠漆 관련 경공장과 관청 배치를 보면, 명칭상 같은 직

14　『太宗實錄』卷29, 태종15년(1415) 4월 10일(정축).
15　『世宗實錄』卷64, 세종16년(1434) 6월 11일(병진).
16　『世祖實錄』卷21, 세조6년(1460) 8월 1일(갑진).

종의 공장이라 하더라도 일하는 관청에 따라 품목을 달리했을 가능성이 있다. 즉, 군기시軍器寺에서는 각종 병장기의 소목일을 말하는 데 비해, 선공감에서는 건축상의 대목과 소목을 통틀어 지칭한 것으로 보인다.[17]

다만 『경국대전』에 '목장'의 명칭만 기록된 것은 그 영역 구분이 오늘날처럼 뚜렷하지 않았고, 대목과 소목이 때때로 서로의 작업영역을 공유했을 가능성이 큰 것으로 여겨진다.[18] 이처럼 나무를 다루는 장인의 기술은 후대로 갈수록 점차 전문화되었고 목수 또한 대목과 소목으로 명확하게 나뉘게 되었음을 알 수 있다.

2. 소목장의 성장 경로

조선 초기 소목장의 활동은 주로 상류층의 수요에 의해 이루어졌다. 조선시대에 들어서며 모든 수공업자들은 봉건지주나 권력자들의 관인체제 아래에 속했기 때문이다. 이러한 체제 속에서 숙련된 솜씨와 안목을 갖춘 소목장은 장인의 우두머리인 편수로 성장했다.

조선시대 국가 의례의 전범이라 할 수 있는 각종 『의궤』의 말미에는 행사 준비에 참여한 장인의 실명을 기록했다. 공로를 인정하여 상을 내린 장인, 기술별로 우두머리 장인의 이름이 당시 기술의 계보를

---

17 이종석, 『한국의 전통공예』, 열화당, 1994, p.43.
18 김삼대자, 앞의 책, 2013, p.14.

밝힐 단서가 된다.

왕실의 분묘인 산릉의 조성과정을 담은 17-19세기『산릉도감의 궤』를 보아도 수많은 장인을 동원했으며 사업에 참여한 소목장은 산릉에 필요한 부대시설과 물품 제작을 담당했다. 별공작別工作에 소속된 소목장은 조운생趙雲生, 손명선孫命善, 류업劉業, 정만영鄭萬永, 손덕흥孫德興 등이 있었는데, 편수로 성장한 소목장은 조운생을 꼽을 수 있다.[19]

의궤의 기록으로 미루어보면, 1630년부터 도감에 참여하기 시작한 조운생은 그 실력을 인정받아 19년만인 1649년에 편수로 성장했다.[20] 그는 3년 후인 1652년에는『창덕궁창경궁수리도감』, 1659년에는『효종빈전도감』및『효종영릉산릉도감』에서도 별공작 소속 소목장으로 활동했다.

뿐만 아니라, 1632년『선조비인목후국장도감』과『효종인선후중궁전수책시책례도감』,『인조장령후존숭도감도감』에서 거주지 표시가 3번이나 동일하게 서울로 기록되어 있어 그가 서울에 거주한 소목장이었음을 알 수 있다. 이를 통해 조운생은 서울에 거주하던 17세기의 대

---

19 『仁祖長陵山陵都監儀軌』(1649), 장서각.;『孝宗山陵都監儀軌』(1659), 장서각.;『顯宗崇陵山陵都監儀軌』(1675), 장서각.;『仁敬王后山陵都監儀軌』(1683), 장서각.;『仁祖莊烈后山陵都監儀軌』(1688), 장서각.;『仁顯王后山陵都監儀軌』(1701), 장서각.;『貞聖王后山陵都監儀軌』(1757), 규장각.;『英祖元陵山陵都監儀軌』(1776), 규장각.; 문영식,「조선후기 山陵都監儀軌에 나타난 匠人의 造營活動에 관한 연구」, 명지대학교 대학원 박사학위논문, 2010, p.94. 참조.

20 조운생은 17세기 소목장으로, 산릉도감 뿐만 아니라 다양한 의궤 기록에 등장한다. 제일 먼저 1630년 선조목릉천릉도감의 별공작 소속으로, 1632년에는 인목왕후산릉도감의 별공작 소속, 1633년 창경궁수리도감, 1639년 인조인렬후가례도감, 1645년 소현세자빈궁도감에서 혼궁 조성소에, 1645년 소현세자묘소도감의 별공작에 소속되어 각종 행사 준비에 참여했다. 점차 경력을 쌓아간 후, 1649년에는 인조장릉에 별공작 소속으로 소목장 편수로 기록되어 있다.

표적 소목장이었음을 알게 된다. 이밖에 남궁생南宮生, 이천의李天義 등도 조운생과 같은 시기에 솜씨를 인정받은 명장이었다.

> 이홍주가 상의원尙衣院 제조의 뜻으로 아뢰기를, "지난번 본원의 계사에 '본원의 소목장 남궁생·이천의·양남, 야장冶匠 김두남·김봉남·정무·김덕복, 두석장豆錫匠 이득룡 등을 예장도감이 모조리 잡아갔습니다. 그런데 지금 조사가 온다는 기별이 이미 도착했으니, 조사를 접대할 때 쓸 제반 물건을 만드는 일이 매우 큽니다. 만일 이들 장인이 없으면 때맞추어 해야 할 허다한 일들이 속수무책으로 방치될 것이니, 참으로 애가 탑니다.……도감이 잡아간 장인을 비록 다 돌려보내지는 못한다 하더라도 그중에 소목장 이천의, 두석장 이득룡 등 2명을 덜어 내어 본원으로 돌려보내 일하도록 하는 것이 어떻겠습니까?"[21]

위 기록은 도감에서 차출해간 장인을 돌려달라는 상의원 제조의 청이 담겨있는 내용으로 이를 통해 당시 궐내에서 장인들의 처우를 짐작해 볼 수 있다.

이러한 기록들은 소목장의 성장경로를 살펴보는데 도움을 준다. 각종 『의궤』에는 행사에 동원된 다수 장인들의 실명을 기록했다. 굳이

---

[21] 『承政院日記』, 인조(1626년) 4년 3월 9일. "軹貘, 以尙 衣院提調意啓 曰, 頃日本院啓辭, 內院小木匠南宮生·李天義·梁男, 冶匠金斗男·金奉男·鄭無·金德福, 豆錫匠李得龍等, 禮葬都監四字缺矣. 今者詔使先聲, 旣 已來到, 凡百應用之物, 造作之役, 極爲 浩大, 而若無此匠, 則多及期之役, 束手無策, 極爲 悶……都監捉去匠人, 雖不得盡還, 其中小木匠李天義, 豆錫匠李天龍等二名, 除出還本院赴役事, 捧承傳施行, 何如? 事係急期, 惶恐敢啓. 傳曰, 依啓"

장인들의 실명을 낱낱이 기록한 것은 그들에게 업무에 대한 책임감과 함께 자신이 맡은 임무에 대한 자부심을 부여해준 조치로 보인다.[22]

3. 역할과 활동 범위

『승정원일기承政院日記』의 기록은 소목장의 기술과 역할을 이해하는데 도움을 준다.

> 정 칙사가 분부한 내용 중에 가마駕馬 1좌坐를 속히 새로 만들라고 하였는데, 여기에 사용할 장기長機 이년목二年木은 구하기가 매우 어렵습니다.[23] 군기시와 훈련도감에는 모두 이렇게 길고 큰 것이 없고, 상의원에 쓸 만한 나무가 있는데 본원에서는 감히 마음대로 쓸 수가 없고, 도감에서 계청하여 허락을 받으면 쓸 수가 있다고 합니다. 사세가 급박하고 달리 구할 길이 없으니, 본원으로 하여금 우선 내주게 하고 솜씨 좋은 소목장 2명도 올려 보내게 하여 역사役事가 지체되는 일이 없게 하는 것이 어떻겠습니까?[24]

---

22 신병주, 『66세의 영조 15세 신부를 맞이하다』, 효형출판, 2001, pp.263 – 265. 참조.
23 장기(長機) 이년목(二年木): 장기는 가마와 같이 무거운 것을 메거나 드는 데 쓰이는 길고 굵은 멜대로 장강목(長杠木)이라고도 한다. 이년목은 가시나무과에 속하는 나무로, 튼튼하고 가벼우면서도 탄력이 있어 창자루, 화살대 등을 만드는 목재로 많이 사용되었다. (참고: 민승기, 『조선의 무기와 갑옷』, 가람기획, 2004, pp.167 – 168)
24 『承政院日記』, 인조 24년(1646) 1월 4일(임자).

시일이 급한 제작이어서 솜씨 좋은 소목장이 필요했고, 가마를 제작하는 일에도 소목장이 투입되었음을 알 수 있다. 소목은 단순히 가구를 짜는 것에만 국한된 것이 아니라 나무를 잘 볼 수 있는 안목이 필요한 일인 것이다. 나무가 자라는 지역, 나무의 나이와 표면 형태에 따라 나이테의 색상과 간격을 파악하고 중심부가 썩거나 해충에 의해 손상된 나무 등을 판별할 수 있는 안목을 키워야 아름다운 가구를 제작할 수 있기 때문이다.[25]

기록에서는 목수와 나무의 쓰임을 임금의 직무에 비하기도 했다. 『세종실록』의 기록에는 "인군人君의 사람 씀이 목수의 나무 씀과 같아서, 각기 그 재목에 따라서 쓰면 천하에 버릴 재목이 없습니다. … 크고 작은 것, 길고 짧은 것, 굽고 곧은 것, 아름답고 미운 것은 구별하지 않을 수 없으니, 잘 살펴서 그 쓸 곳에 적당하게 하는 것이 목수의 양식良識입니다."[26]라 했다. 또 『중종실록』에는 "임금이 사람을 쓰는 것은 목수가 나무를 쓰는 것과 같습니다. 그 재목의 품등品等이 높고 낮음을 헤아리듯 그 관직官職의 크고 작은 것을 살펴서 벼슬에 따라 사람을 써야 합니다. 그러므로 광관曠官(벼슬자리가 오래도록 비워져 있는 것)의 폐단이 없어서 다스리는 도리가 이루어지는 것입니다."[27]라고 기록되어 있다. 그만큼 자연 소재인 나무를 적절히 가공해서 표현해 내는 기

---

25 김삼대자, 앞의 책, 2013 p.60.
26 『世宗實錄』卷20, 세종 5년(1423) 5월 17일(병신) "司憲府啓: "人君之用人, 猶匠之用木也 各因其材而用之, 則天下無可棄之材, 然君子小人, 不可不辨, 內君子而外小人, 君之政也. 大小短長,曲直美惡, 不可不分, 審察而當其用, 匠之良也", ; 김삼대자, 앞의 책, 2013, p.1. 재인용.
27 『中宗實錄』卷59, 중종 22년(1527) 10월 19일(계해). "夫人君之用人, 猶匠之用木, 度其材品之高下; 察其官職之大小, 隨官而用人, 故無曠官之弊, 而治道成矣."

술과 소재를 다루는 지혜가 소목장의 기본 지침이자 가장 필요한 덕목인 것이다.

소목장은 때로 나무가 부가되는 다른 일에도 참여했다. 세종 때 병조에서 군기감의 장인을 늘리는 일에 대해서 보고한 내용을 보면, 환도장環刀匠은 6명이지만, 환도장과는 별도로 마조장磨造匠, 주성장鑄成匠, 소목장, 동장銅匠이 있어 이들이 환도 제작에 참여했던 것으로 보인다.[28] 악기를 만들 때 악기의 틀을 제작하는 일에 소목장이 참여하기도 했다.[29] 정조는 즉위 후, 그의 아버지인 사도세자를 추모하기 위해 경모궁을 지었는데, 경모궁에서 사용할 악기·복식·의물 제작에 관하여 기록한 『경모궁악기조성청의궤』(1777)에서 소목장의 흔적을 찾아볼 수 있다. 감결질 뒤에 있는 공장질工匠秩에서 역할에 따른 인원을 세어보면, 공장은 총 147명으로, 나무를 다루는 장인에는 소목장 6명, 목혜장 2명, 목수 2명 등이 있다.[30] 이를 통해 볼 때 나무를 다루는 장인도 기술에 따라 세분화하여 제작에 참여한 것으로 추측된다. 또한 악기 조성 시 공장이 쓸 각종 연장과 소품을 구별하여 기록하니 실제 쓰임대로 빌려 주도록 했다. 이때 소목장이 사용할 재료 가운데 쇄약鎖鑰 갖춘 궤자 1부·양판凉板 3부·장등상長登床 2부·가막금加莫金 1개가 포함되었다.[31] 이처럼 의궤를 통해서도 소목장의 폭넓은 역할과 활

---

28 민승기, 앞의 책, 2004, p.154.
29 국립국악원, 『譯註 景慕宮樂器造成廳儀軌』, 「移文秩」, 2009, 참조.
30 위의 책, pp.26 – 27.
31 위의 책, 「甘結秩」, p.160. "一. 爲行下事. 今此樂器造成時, 本廳使役工匠等所用, 各樣大小鍊粧雜物 區別後錄手本爲去乎, 所入物力, 令分差計士, 假下實入事行下爲只爲. 【手決內 假下實入】後冶匠所用 毛老臺一介·樻子具鎖鑰一部·橋鐵六介·小登床一部, 磨造匠所用 樻子具鎖鑰二部·毛湯一介, 小木匠所用 樻子具鎖鑰一部·凉板三部·長登床二部·加莫金一介"

동 범위를 파악할 수 있다.

조선 후기에 접어들면서 상공업이 발달하고 경공장과 외공장들도 점차 국가의 예속을 벗어나 세력가의 집에 들어가 일을 하면서 판매도 겸하여 부를 축적하게 되었다. 18세기 말경에는 칠목기전漆木器廛, 목기전木器廛 등이 생기게 되었고 그곳에서 장·농·소반·목기 등 상품화된 목물을 판매하기도 했다. 그러나 이와 같은 예는 서울의 극히 일부 장인에 불과했고 대부분의 소목장들은 마을의 집수리와 혼사가 있는 집안의 가구 짜기 등으로 생계를 이었으며, 주문이 없는 경우 연장통을 메고 마을을 돌며 일을 찾아 다녔다. 목공 장인들의 기능전수는, 일을 배우려는 아이들에게 무보수로 몇 년 동안 잔심부름을 시키면서 가르친 뒤 장인으로서의 능력을 갖추었다고 인정되면 연장 한 벌을 주어 독립을 시키는 시스템이었다.[32]

이처럼 소목장은 좋은 목재를 고르는 안목과 목재, 도구를 다루는 솜씨로 그 소임을 다했다. 무엇보다도 소목장의 주된 역할은 가구를 제작하는 소임이다. 가구는 집안의 살림을 수납하고 쓸모를 돕는 생활 주체의 삶의 반려로서 단연 세간의 중심 구실을 담당했다.

---

32 김삼대자, 『나무와 종이 - 한국의 전통공예』, 「한국의 목공예」, 국립민속박물관, 2004, p.207.

4. 소목의 제작과 유통

조선 후기에 관영수공업체제가 붕괴되면서 사장私匠이 대두하고 시장이 형성되어가는 분위기에서 개인사업자로서 소목장의 제작활동과 칠목기전의 유통 환경이 조성되었다. 선공감 등에 소속되어 일했던 소목장이 언제부터 시장을 형성하고 자신들의 물건들을 내다 팔기 시작했는지에 대해서는 정확하지 않은데, 18세기 이후 이미 가구를 만드는 장인들은 더 이상 관영수공업체제 하에서 일하기가 어려워진 것으로 보인다. 차츰 이들도 자신의 판매망을 가지려고 노력했는데 이것은 19세기 이후의 기록에 단편적으로 나타난다.

> 선공감 가칠장 김정택 등이 말하길 '우리는 생업이 소반에 불과하고 본래 요포料布가 없기 때문에 분칠을 특히 허락하였는데 칠목기전이 새로 생긴 지가 불과 10여 년인데 그 선후를 논하니 주객이 바뀌어 오늘날 소반 하나를 파는 것도 난전이라고 도고都庫가 탈리奪利하였으니 폐단을 고쳐달라'고 호소하였다.[33]

조선 후기에 가구의 판매를 전담했던 상점을 칠목기전이라 했는데, 위 기록을 통해 칠목기전이 18세기 말에 생겨났음을 알 수 있다.[34] 칠목기전에서 다뤘던 물건은 다음 『한경지략漢京識略』의 기록에서 확인

---

[33] 『備邊司謄錄』卷167, 정조 8년(1784) 8월 20일.
[34] 김미라, 「朝鮮後期 文房家具 硏究」, 홍익대학교 대학원 석사학위논문, 2000, pp.8-13.

된다. 『한경지략』 시전市廛 〈칠목기전〉에,

> 각색 옻칠한 나무 그릇과 옷장, 옷궤 같은 것을 판다. 또한 장전欌廛이라고도 한다. 장이란 것은 중국제도의 세워두는 궤이다. 장은 꼭 3, 4층이고 서랍이 있으며, 무늬가 있는 나무로 만들거나 혹은 색지로 바른다. 광통교에 있다. 또 목기전이 있는데 나무상, 소반, 나무농, 키, 고리 같은 것을 판다. 하나는 육조거리 앞에 있고 하나는 배고개에 있는 것을 웃전, 아랫전이라고도 한다.

라고 하여 칠목기전에서 가구를 상품화하고 있었던 것을 알 수 있다. 이것은 조선가구가 그만큼의 수요가 있었다는 것이고, 장이나 옷궤가 많이 만들어졌다는 것으로 당시 가구의 발전을 보여준다. 또한 당시 여러 수공업제품들에 대한 상인들 사이에 난전亂廛 시비가 자주 일어났는데, 칠목기전도 난전에 의한 피해를 호소하는 문헌의 내용이 남아 있다. 조선 후기 칠목기전 외에 세금을 내지 않고, 허가 없이 장사하는 무리들을 통해 가구들의 매매가 성행했음을 짐작할 수 있다.[35] 이것은 당시 조선가구를 팔았던 상인들이 많았다는 것으로 가구의 다량 생산을 말해 준다.[36]

〈도1〉의 책장은 민간에서 만든 가구로 제작자의 품삯, 판재 값 등 제작 관련 명문이 남아있는데, 당시 제작사례를 단편적으로나마 추측해 볼 수 있어 흥미롭다.

---

35 『備邊司謄錄』 240, 철종 4년(1852) 1월 19일.
36 『備邊司謄錄』 201, 순조 11년(1811) 3월 30일.

조선시대 책장은 서책을 넣어 보관하는 가구로, 〈도1〉의 책장은 여닫이문이 달린 수납장과 앞닫이 형식의 반닫이장으로 구성된 2층 구조이며, 2층은 안으로 단을 들여 만들어졌다. 뒷널에는 까치와 나무가 그려져 있으며 이층의 서랍 내부에는 제작자, 제작에 관한 인건비와 재료비, 사용된 장석의 명칭과 수량이 묵서로 기록되어 있다. 목수의 품삯은 물론 금속장석을 만든 장인과 판재 및 옻칠에 쓴 비용도 상세히 기록하고 있어 당시의 생활사를 알 수 있는 중요한 자료가 된다. 또한 장석의 명칭과 수량의 기록을 통해 이 가구가 제작 및 사용되었을 당시 가구를 제작하는데 필요한 장석의 종류와 그 명칭도 알 수 있다. 명문에는 김명수라는 장인이 책장을 만들었으며, 1865년 5월의 제작시기도 확인된다.[37]

가구 제작을 위해 의뢰인이 솜씨 좋은 소목장을 섭외하고 집으로 들여 필요한 가구의 품목을 제작하는 것이 일반적이었다. 소목장은 재료, 음식, 잠자리 등을 제공받으며 주문

도 1. 〈책장(册欌)〉, 조선시대, 108.7×48.2×112.3(㎝), 국립민속박물관 소장.

도 2. 〈책장(册欌)〉, 조선시대, 108.7×48.2×112.3(㎝), 국립민속박물관 소장.

---

[37] 박형철·김희수, 「19세기 조선시대 목가구의 제작연유와 부분명칭에 관한 사례 연구」, 『미술디자인 논문집』Vol.9, 2005, pp.237-238 ; 이주영, 「목가구에 나타난 명문(銘文) 사례 연구 : 우리나라 근대 이전 목가구를 중심으로」, 홍익대학교 대학원 석사학위논문, 2006, pp.55-57. 재인용.

자의 행랑채에 기거하며 작업을 진행했다. 또한 소목장은 가구의 제작에 앞서 가구가 들어갈 공간, 방의 크기, 사용자 취향과 요구에 따라 가구의 형태, 크기, 장식 등을 신중히 결정하고 제작에 임했다. 주문자는 가구 제작이 종료되면 제작비를 돈이나 쌀, 곡식으로 지불했다. 지금으로 따지자면 맞춤형 주문 가구인 것이다. 조선가구는 소목의 기량과 솜씨도 중요했지만 가구 제작을 의뢰하는 주문자의 안목 또한 가구의 격조와 품위를 높이는데 중요한 요소였다. 사용자의 안목과 소목의 솜씨가 한데 어우러졌을 때 비로소 명품이 탄생될 조건이 충족된다.[38]

한편, 1937년 5월 2일부터 8일까지 전라남도 각지의 특산물과 민속품을 찾아 기행을 떠난 일본인 야나기 무네요시柳宗悅는 나주반에 대해,

5월 6일, 오늘 나주로 가는 날이다. 조선의 밥상을 좋아하는 사람들은 나주밥상의 이름을 전부터 듣고 있었을 것이다. 우리는 아침 일

도 3. 〈책장(册欌)의 명문 부분〉, 조선시대, 108.7×48.2×112.3(cm), 국립민속박물관 소장.

〈명문 내용〉
木手 金命壽 工價 四兩 十五日 一兩三.
목수 김명수 품삯 4냥, 15일 1냥3전
冶匠 鄭俊伯 工價 八兩 十五日 一兩八.
대장장이 정준백 품삯 8냥, 15일 1냥8전
漆價 三兩. 칠값 3냥
板材價 三兩三.
판재값 3냥3전
合錢 二十一兩四戔二分, 又炭價 四.
합 21냥4전2푼, 숯값 4전
又合二十一兩八戔二分.
총 합계 21냥8전2푼
而爲他人物 永爲世傳寶.
그리고 다른 이의 물건이 되어 대대로 전해지는 보물이 될 것이다.
乙丑 五月 日 造出.
을축(1865년)5월에 제작

---

38 김희수, 「우리 전통 목가구木家具를 보는 눈」, 『나무, 일상을 수놓다』, 국립민속박물관, 2014, p.99.

찍 광주를 출발하였다. 그러나 한 때 번영하였다는 밥상업자는 지금은 거의 찾아 볼 수 없었다. 시내에 나가 나주 쟁반을 사려고 했으나 파는 상점이 없었다. 그러나 다행이도 이석규라는 명공名工이 살아 있었다. 안내를 받아 그의 공방을 찾아 갔다. 그는 노인이었다. 아들과 제자가 일을 도와 주문을 받았다. 이곳의 일은 상당히 엄격하다고 한다. 만들어진 것을 보니 모양과 칠을 잘했으며 소홀함이 없었다. 그러나 그만큼 값이 비쌌다. 생각하기에 따라서는 물건에 비해서 오히려 값이 싸다고 할 수 있을 것 같다. 우리는 이곳 나주반을 많이 주문하였다.[39]

그가 본 전라도 나주반을 생산하는 장인은 소홀함이 없이 엄격하게 생산하고 있음을 알 수 있으며, 나주반의 품질을 높이 평가했다. 이러한 모습은 조선 소목장이 품질 향상에 주력했음을 알 수 있다. 그러나 소목장의 직무에 속하는 소반을 전문적으로 만드는 소반장이나, 소반을 판매하는 상점이 드물어졌음을 짐작할 수 있다.

이후 해방과 더불어 급격히 밀려온 서구문화의 영향으로 생활양식이 급격히 바뀌어 문화전통의 정맥이 교란되기에 이르렀다. 대부분의 가정에서 사용하던 가구는 새로 들어온 양식 가구에 밀려 버려지거나 헐값에 팔려 나갔다.[40]

현재 우리의 생활환경은 기계화된 대량생산 가구가 조선가구의 자리를 대신 차지하고 있다. 물론 주거 환경과 기술의 변화에 따른 흐름

---

39 야나기 무네요시(柳宗悦), 『韓民族과 그 藝術』, 「全羅 紀行」, 探究堂, 1987, p.245.
40 김삼대자, 앞의 논문, 1991, pp.43-44.

임을 부인하기 어렵다. 그럼에도 장인의 솜씨는 여전히 대량생산 가구와는 비교할 수 없는 장점을 인정받고 있으며, 한편에서는 소목기술에 대한 문화대중의 수요가 확대일로에 있다는 사실도 조선가구의 가치와 연관하여 자못 흥미롭다.

2장
목재의 쓰임과 특성

1. 목재의 특성과 활용

목재는 나무의 줄기나 가지가 목질로 된 다년생 식물로서 관목과 교목을 아울러 집을 짓거나 가구를 만드는 재료를 말한다. 가구 제작에 있어 목재의 종류와 특성을 잘 활용하면 요긴한 가구를 제작할 수 있는데 목재마다 고유의 문양과 나이테, 색채, 향 등의 성질을 지닌다.

나무의 구조를 살펴보면 껍질, 수심, 목질로 구성되며 나이테는 수심을 둘러싸고 있는 동심원을 말한다. 춘재春材는 봄, 여름에 자란 부분으로 세포막이 얇고 유연하다. 추재秋材는 가을, 겨울에 자란 부분으로 세포가 작고, 세포막이 두껍고 단단하다.

심재心材는 수목의 생장 과정 중에 생활 기능을 지닌 세포가 죽게 되고 생활 세포의 내용물인 저장 물질이 소멸되었거나, 혹은 심재 물질로 전환되어 버린 내부 목재를 말한다. 변재邊材는 살아 있는 세포와 전분 같은 저장 물질을 포함하고 있는 수간의 바깥 부분으로 일반적으

로 변재의 재색은 심재보다 담색을 띠고 있다.[41]

　나이테로 형성된 무늬인 목리木理[42]는 목재를 구성하는 세포 요소의 배열과 방향이 목재면에 나타난 상태를 말한다. 또한 목리와 목리 사이의 넓이를 표현하는 개념이기도 하다. 목리의 구성과 이음, 짜임은 한국 목칠공예의 조형미를 뒷받침하는 요소이다. 가장 아름다운 목리 부분을 가구의 전면 문짝에 판재로 쓰고 나머지 부분을 각재로 사용하는 등, 장인은 자신의 안목에 따라 나뭇결을 효과적으로 활용하여 가구를 제작한다. 이것이 바로 장인의 능력이라고도 할 수 있는데, 이는 목공예의 가장 본질적인 조형 장식이며 아름다운 목리를 극대화시켜 잘 활용하는 최선의 방법이 된다.

　문양은 목재의 3단면 즉 횡단면, 방사단면 및 접선단면에 나타나는 모든 자연적인 형상의 모양을 지칭한다. 생장의 차이, 즉 지역 특성에 따른 차이, 자연환경에 따른 차이, 계절에 의한 차이 등에 의해 형성되는 것이다. 재색의 분포나 밀도, 연륜에 의한 여러 가지 형태, 목재 내부나 외부의 영향으로 인한 상처 등에 장식적인 효과가 뛰어나 공예적인 가치를 지닌다. 목재의 자연적이며 특이한 문양이 발생하는 원인은 성장층의 불규칙한 요철, 구성 세포의 배열 등으로 볼 수 있다.

　목재의 색은 목재 내부의 화학요소 물질에 의해 형성된다. 가구를 제작할 때 목재의 색은 비례요소로 작용하며 조형의 완성도에 적지 않은 영향을 준다.[43]

41　심재와 변재의 의미는 정희석, 『목재용어사전』, 서울대학교출판부, 2005, p.90, p.135.
42　목리[木理, grain]: 본질적으로는 종축세포(가도관, 목섬유 등)의 배열방향을 나타내는 용어이나, 목재의 연륜과 재면과 관련된 용어, 절삭 중에 결점 발생과 관련된 용어, 관공의 크기와 관련된 용어 등이 있다. 나무결.(정희석, 위의 책, 2005, p.67.)
43　박상진 외, 『목재조직과 식별』, 향문사, 1987, p. 49.

목재는 일반적으로 특이한 문양의 출현 상태, 목리, 색 등을 고려했고, 재질의 특성이 우수하며 비교적 손쉽게 구할 수 있는 수종을 선택했다. 침엽수재는 은행나무, 주목, 금강송을 비롯한 소나무류 등이 주로 사용되었으며, 활엽수재는 느티나무, 참죽나무, 피나무, 오동나무, 감나무, 가래나무, 자작나무, 박달나무, 물푸레나무가 즐겨 쓰였다.

1) 소나무(Pinus densiflora Siebold et Zuccarini)

소나무는 한반도 북부 고원지대를 제외하고는 전역에 흔한 나무이다. 일본·만주에 두루 분포하며 높이 30m, 둘레 6m까지 크게 자라기도 한다.

소나무는 탄력이 풍부하고 내습성이 강하며 가공이 쉬워서 가구는 물론 건축·토목용재 등 가장 이용도가 높은 대표적인 상록침엽수이다. 조선시대에는 소나무를 집 짓는 데 제일가는 것으로 여겨 비록 다른 좋은 나무가 있어도 그것은 잡목으로 사용하고, 소나무를 건축에 이용했다. 번식률도 좋아서 가지와 잎은 온돌 땔감으로 쓰고, 관솔松明은 어두운 밤에 태워 불빛을 밝히는데 사용했으며, 송진은 방부제 및 약재로 이용되었다. 보배롭게 여기는 호박·명패·밀화 등은 천년 송진에서 얻어지는 패물로 알려져 있고 백년 노근의 그루터기를 태운 그을음은 먹을 만드는 최상의 재료가 된다. 송홧가루는 약재와 다식을 만들고 솔씨기름은 식용과 등유를 겸한다. 솔잎은 심마니의 비방식품으로 대용되기도 하며 송순과 근피는 술 담그는 데도 넣는다. 그만큼 소나무는 한국인의 의식주에 매우 밀착되어 실생활 면에서 여러모로 보탬이 되어 왔다. 특히 금강송Pinus densiflora for. Erecta Uyeki은 황장목黃腸木으로 목재 속이 누런빛을 띠는 질 좋은 소나무이다. 궁궐을 지을 때나 임금의 관을 짤 때 쓰이는 나무로 귀한 보호수로 관리되었다. 금강송은 춘양목, 적송, 반적송, 백송이라 부르기도 한다.[44] 일반 소나무보다 곧고 잔가지가 거의 없으며 껍질이 유난히 붉다. 육송보다 더 단단하며 나뭇결이 고르고, 나이테가 촘촘하며 빛깔도 더 진하고 냄새도 더 좋다.[45] 금강송은 수관이 비교적 좁고 재질이 치밀하고 연륜 폭이 균등하고 좁으며 목리가 곧다.[46] 변재에 비해 심재의 비율이 상대적으로 높아 건축재로서 우수한 재질을 지닌다. 강원도와 경북 울진, 봉화 지역의 곧은 소나무를 일명 금강소나무 또는 강송이라 칭한다. 가구, 건축, 선박, 차량, 악기, 기구 등에 사용되며 특히 고급 건축재로 사용되었다.

2) 낙엽송(Larix Kaempferi (Lamb) Carriere)

낙엽송은 한국, 일본, 중국 등에 분포·서식하며 소나무과의 목재로 일본잎갈나무라고도 한다.[47] 심재는 적갈색이고 변재는 담황백색으로 심재와 변재의 구분이 뚜렷하다. 목리가 매우 아름다우나 옹이가 많으며 옹이 주변은 송진으로 이루어져 건조 시 벌어지는 현상이 생겨 그 부분은 고급 가구재로 적절하지 못하다. 특히 낙엽송의 정목 문양은 나무 가지에 의한 옹이 형태의 문양으로 형태는 아름다우나 가구 제작을 했을 경우 옹이 주변이 갈라질 우려가 있다. 오랜 세월 건조하면 사용 가능하다. 죽순문양은 나무 잔가지에 의한 옹이가 형성되어있

---

44 이필우, 『한국산 목재의 성질과 용도』, 서울대학교 출판부, 1997, p.34.
45 위의 책, 1997, p.19.
46 박병호, 「국내산 목재의 공예적 가치평가」, 강원대박사논문, 2010, p.34.
47 이필우, 위의 책, 서울대학교 출판부, 1997, p.28.

고 문양은 아름다우나 가구 제작을 했을 경우 옹이 주변과 판목 주변이 갈라질 우려가 있다. 옹이 주변을 피한 판목의 문양은 잘 활용하면 공예적 조형가치가 높다.

건축재, 선박, 펄프 등 사용되었고 전봇대나 철도목, 나무젓가락을 만드는 주재료이며, 수피樹皮에서 염색의 재료인 탄닌[48]을 채취하기도 한다.

3) 은행나무(Ginkgo biloba Linnaeus)

중국 원산이나 한반도의 각지에 분포하는데 경기도 지방에 단연 많고 충남과 전라도 지방의 순위이다. 주로 풍치목風致木 · 정자목으로 심으며 수백 년 된 노거수老巨樹도 적지 않아서 천연기념물로 지정되어 있다. 그래서 큰 판재가 나오지만 나뭇결이 아주 미미하여 도리어 고급한 가구재는 못되는 것이다. 재질이 연하고 판재가 갈라짐이 덜하므로 가구의 천판이나 옆널에 쓰였다. 소반으로 행자반이 유명하며 바둑판 용재로서도 손꼽혔다. 가공 및 할렬[49]이 용이하고 표면 마무리를 쉽게 할 수 있으며 광택이 있다.[50]

---

[48] 탄닌[tannin]: 식물의 잎, 수피, 목질부 등에 함유되는 다가 페놀의 기본 구조를 갖는 복잡한 화합물의 총칭. 식물 타닌. 화학용어사전편찬회, 『화학용어사전』, 일진사, 2011, p.853.)
[49] 할렬[割裂, check, drying checking]: 건조 중에 발생한 인장응력에 의해 원목과 제재목의 내부 또는 표면에서 목재섬유가 분리된다. 할렬은 연륜을 가로지르면서 길이 방향으로 분리되며, 주로 건조 초기에 고르지 못한 수축에 의해 발생한다. 횡단면할렬, 표면할렬, 내부할렬 등이 있다.(정희석, 앞의 책, 2005, p.266.)
[50] 이필우, 앞의 책, 1997, p.15.

4) 느릅나무(Ulmus daviana var. japonica Nakai)

느릅나무는 느티나무과로 결이 비슷하고 목재 성질 비슷하지만 목재의 질이 느티나무보다는 질기고 거칠다. 심재는 진한 갈색이며 변재는 갈색을 띤 회백색으로 연륜 구분도 명확하다. 내구 및 보존성이 좋지 않은 편이며 절삭 및 가공도 비교적 곤란한 편이다.

가구, 건축, 기구, 악기, 선박, 차량, 토목용재로 사용되며 가구 및 공예재료의 종류는 서안, 문갑, 제기, 바릿대, 쟁반 등에 사용된다.

5) 느티나무(Zelkova serrata (Thumb) Makino)

한국·일본·중국·만주·시베리아에 널리 분포하며 촌락 부근이나 산기슭 골짜기의 토심이 깊은 곳에서 잘 자라고 30-40m씩 크기 때문에 정자목이 되기 예사이다. 한국의 노거수 중에서 가장 많다. 수령도 1천년을 헤아리며 나무 둘레가 7.5m나 되는 것도 있다.

느티나무는 재질이 굳고 단단하며 무늬가 좋아서 가구재·화장재·조각재로 두루 쓰이며, 골재와 판재로도 쓰이나 나무의 성질이 좋은 편은 아니다. 표피에서 20cm 이내 것이 문양목으로 특히 좋다. 재목이 대개 누르스름하고 광택이 나는데, 고사목의 경우 홍자색을 띠어 한층 좋은 목재로 아낌을 받는다. 느티나무(괴목) 반닫이·뒤주 등은 견고한 수장가구의 대명사처럼 일컬어지고 있으며, 영남의 괴목장은 문양의 특성으로 인해 호사치레로 손꼽혔다. 느티나무는 이밖에 차량과 선박 용재로도 쓰인다.

6) 참죽나무(Cedrela sinensis A. Jusrs)

심재는 선명한 적갈색이며 변재는 황백색이다. 연륜은 명료하고 나뭇결은 거칠고 질긴 성질을 가지고 있으며 광택이 나고 목리는 아름답다. 가구용재, 악기, 건축, 기구, 물통, 술통, 담배상자 등으로 쓰였다. 한국에서는 전통적으로 농기구 및 각종 배틀 등, 나룻배의 노나 돛대 등으로 사용되었다. 나뭇결의 문양은 느티나무 고사목의 색과 결의 형태가 비슷하다. 주로 장, 농, 문갑, 반닫이, 뒤주, 찬장 등 안방가구의 전반적인 재료로 사용되며 힘을 많이 받는 가구의 기둥이나 쇠목, 동자 등 골재에 많이 사용된다.

7) 오동나무(Paulownia coreana Uyeki)

오동나무는 한국의 특산물에 속하며 주로 촌락의 비옥한 땅에 심는다. 평남 지방에서 나긴 하나 기후 관계로 북쪽에는 드물고 남한에 밀집되어 있으며 조선시대에는 국가에서 식재를 권장하며 관리·감독했다. 장롱·상자·문방구·악기·나막신 등 다양한 용도의 기물을 제작하는데 사용하여 조선 가구의 한 특징을 보여줄 정도이다.

오동나무는 재질이 강하면서도 부드럽고 가벼우며, 얇게 켜서 판을 만들어 놓아도 좀처럼 트는 일이 없다. 특히 이 목재에는 좀이 생기지 않아 가구재로는 으뜸으로 꼽는다. 골재로는 부적당하지만 판재로서 거의 모든 가구에 활용되며, 그릇을 깎거나 나막신을 깎으면 물이 새지 않아 좋다. 건축용재로는 적격이어서 함석이 보급되기 이전에는 이것을 처마 밑에 많이 댔다. 거문고·가야금 같은 악기재로도 좋은 나무이며, 특히 가야금과 거문고는 산중의 바위 위에서 어렵게 자란 오동나무로 만든 것, 즉 석상동石上桐이 최상의 소리를 내는 명품으

로 손꼽혔다.[51]

8) 감나무(Diospyros Kaki Thunb)

감나무는 만주·중국·한국·일본 등지에 분포된 유실수이나 한반도에서는 중부 이남에서 많이 식재된다. 양지바르고 특히 해풍에 잘 자란다.

재질이 연하고 치밀하며 눈이 없어 고급한 가구의 판재로 쓰인다. 감나무 재목으로 특히 환영받는 것은 먹감나무이다. 이는 나무가 여러 해 묵어 밑동에서 변이를 일으킨 심재이며 검은 무늬가 기이하게 번지거나 완전히 검게 물들어 있다. 먹감나무는 귀한 것일 뿐더러 그것을 통판으로 사용하면 뒤틀릴 우려가 많기 때문에 내공재에다 부해서 아주 엷은 판으로 떠서 쓰는 것이 통례이다.

9) 휘가시나무

휘가시나무는 제주도에서만 자라는 가시나무 일종이다. 가시나무는 한국의 진도와 제주도에 자생하는데, 다 자라면 높이가 20미터, 지름은 1미터 정도이다. 잎은 긴 타원형으로 끝이 뾰족하고 위쪽 가장자리에만 뾰족한 톱니가 있다. 꽃은 4월에 피는데, 수꽃이삭은 전해에 난 가지에서 밑으로 처져 달리고, 그보다 짧은 암꽃이삭은 새로 생긴 가지에 곧게 서서 달린다. 10월에 익는 열매는 견과로, 가시라고 하며 뚜껑처럼 생긴 각두(깍정이)가 열매를 1/3-1/2 정도 감싸고 있다. 각두에 줄이 6-9개 있다. 바닷가에 방풍림으로 심거나 관상수로 재배

---

51 이필우, 앞의 책, 1997, p.314.

하며, 열매를 먹는다. 제주도산 가시나무(휘가시나무)로 농, 장 등을 제작했다.

2. 목재 다루기

목수에게 숙련된 솜씨란 목재를 알맞은 것으로 가려서 적재적소에 이용하며, 도구를 잘 다루는 것이라 할 수 있다. 때문에 맨 처음 나무토막을 자르고 켜는 일부터가 중요한 의미를 갖는다. 한정된 나무를 놓고 적절하게 골재와 판재 등을 구상해야 한다. 이러한 이유로 조선의 가구는 규격상 똑같은 물건이 있을 수 없게 된다. 나뭇결에 대하여 민감한 까닭에 나무를 자르고 켜 봐서 뜻밖에 좋은 것이 생기면 당초 계획은 변경될 수도 있다는 데에 조선시대 목칠공예의 묘미가 있다.

목수들은 평소에 산을 오르내리면서 쓸 만한 나무를 봐 두고 자라는 것을 기다린다. 그것을 어느 시기에 이용할 것인지까지 계획하여 둔다. 좋은 문양목을 얻으려는 목수들은 재목의 선정과 제작에까지 직접 관여한다. 무늬 좋은 느티나무는 가구 만들기에 적합하여 입목(立木)인 채로 가려낸다. 느티나무는 아름드리 큰 고목 둥치일지라도 표피로부터 20cm이내에서만 갖은 무늬를 가진 가구재, 특히 화장재가 나온다. 따라서 목수는 직접 제재소에 가서 표피 상태를 살펴 톱질하도록 지도한다. 거문고·가야금을 만드는 악기장도 마찬가지다. 악기재로 오동나무의 나뭇결을 어떻게 나타낼 것이냐 하는 데에 치목의 비결이 있다. 제재를 잘못하면 겉목으로 떠놓은 오동나무가 뒤틀려 못

쓰게 되거나 나뭇결이 좋지 않아 끝내 상품이 될 수 없다.

　소나무와 같이 나뭇결이 예리하게 드러나는 나무는 불에 달군 인두로 고루 지져서 애당초 고담하게 처리하는 경우가 있다. 이는 취색을 위한 것만이 아니고 나뭇결의 맛을 두드러지게 하는 데에도 더 큰 목적이 있다. 그래서 인두질한 나무 바닥은 속새뿌리의 솔이나 짚수세미 혹은 왕겨 등으로 거칠게 문질러서 나뭇결을 한층 강조하기도 한다. 그리고 이런 나뭇결 위주의 목물에는 불투명한 옻칠을 피하며, 오히려 무늬를 돕는 호도기름·잣기름·들기름·동백기름이나 콩댐 등 기름행주질로 길을 들인다. 이렇게 하여 길들인 것일수록 나뭇결이 한결 선명하다.

1) 목재 벌채(제재)

　목재 제재 할 경우 3가지 형태 단면을 지닌다. 횡단(또는 목구木口, End grain)면, 판목板目, Flat grain면, 정목柾目, Edge grain면 세 가지로 자연적인 형상의 무늬를 지칭하는 용어들로 구성된다.

　① 곧은결(Quarter Sawn, 정목 제재)방식[52]

　생산 비용이 고가인 반면 목재가 원상태로 잘 보존되는 장점을 지닌다. 무늬결 제재 방식에 비해 수축, 뒤틀림 등의 변형 안정성이 2-3배 정도 우수하다. 90%가 줄기 모양의 무늬로 우아하며 오래 사용해도 때가 잘 타지 않는 장점을 지닌다. 최고의 제품을 위해 가공 시 비

---

[52] Quarter Sawn이란 4분의 1로 잘린 나무를 뜻한다. 목재 벌채(제재)의 곧은결, 무늬결 방식에 관련된 사항은 김재원,「조선시대 가구의 형태에 따른 구성요소와 목리의 상관관계 분석」, 중앙대학교 박사논문, 2011, pp. 67-68를 참고했다.

싼 가격을 감수하고라도 쿼터소운Quarter Sawn방식을 고수한다. 나무를 자르는 방향이 일반적인 플랫소운Flat Sawn과 조금 다르기 때문에 그 결과 나뭇결이 일직선으로 뻗어 있으며 그에 따른 목재의 강도도 더 높다. 일반적으로 가구를 제작하는데 있어 구조목에 사용되며 나뭇결이 곧은결 문양이다. 가구 기둥, 뼈대, 골재 등에는 가구의 전체 무게를 견딜 수 있는 단단한 나무를 사용하여 가구가 견고해진다.

② 무늬결(Flat Sawn, 판목제재)방식

무늬결 제재방식으로 제재 공정에서 주로 채택하고 있으나, 바닥에 열이 가해지는 온돌방식 바닥에 무늬결 제재목이 시공되었을 경우 터짐, 뒤틀림, 벌어짐 등의 변형현상이 심하게 나타날 수 있다. 물결무늬와 줄기 무늬가 50:50으로 생산되며 나무판의 무늬를 보고도 어느 방식에 의해 제재 되었는지 쉽게 알 수 있다. 판목 문양이나 목리의 특징적인 부분을 활용하고자 하는 곳에 사용된다. 나뭇결이 타원형의 모습으로 가구의 무 결을 요하는 판재 종류 중 복판, 머름칸, 서랍, 쥐벽칸 등에는 무 결이 좋은 목리를 사용하면 고급 가구를 제작할 수 있다.

2) 목재 운반

한반도에서 나는 목재들을 인구 밀집 지대로 옮기는 데에는 많은 어려움이 따랐다. 가장 중요한 교통 수송 기관은 내륙 수로, 즉 강을 따라 오르내리는 것이었다. 한강, 낙동강, 압록강 뗏목으로 운반된 나무를 수상목水上木이라 했다. 서울에는 한강을 따라 운송되는 장목전長木廛, 杖木店이 있었으나 지방에서는 여의치 않았다. 육로로는 우마차에 의존해야 하므로 큰 목재를 먼 거리로 옮기는 일이 거의 불가능했다.

따라서 심산의 큰 목재들은 수로를 통해서만 확보되었다.

　조선시대 소나무는 건축재로 중요시 여겨 함부로 벌채할 수 없었고 벌채한 목재를 타 지역으로 수송하는 것도 원활치 못했다. 육로에 의한 교통수단이 미비하여 서울 및 경기도 지역 관청 수요 목재는 강원도에서 벌목한 소나무를 뗏목으로 엮어 한강까지 운반하여 사용했다. 뗏목에 의한 수송은 1900년대 초까지 이어온다.

3) 목재의 건조

　목가구 제작에 있어 목재의 선택은 가구의 용도와 기능, 사용 목적에 따라 다양하다. 목재의 특성을 고려해 목재의 성질, 함수율, 밀도, 인장 강도, 표면 광택, 색채, 내구성, 방충 등을 고려해야 한다. 목재의 종류 외에 내구성을 좋게 하는 방법은 건조이다. 목재의 함수율이 낮을수록 목재의 강도는 커진다.[53] 자연 건조는 그늘에서 오랜 세월 자연 바람에 말리는 방법으로 가구 제작용으로 사용하려면 5-10년 정도 건조해야 한다. 인공 건조는 화학약품 처리 및 건조기 등으로 건조하는 방법으로 목재는 잘 말릴수록 강도는 커진다. 전통사회의 목수는 팔만대장경의 예에서 보듯이 목재를 소금물(바닷물)에 오래 담가두거나 사계절의 바람과 온도차를 직접 겪게 하여 오래 말리고 뒤집기를 반복하여 트집을 줄이고 내구성을 높이는 특별한 방법을 오늘에 전하고 있다.

53　함수율(含水率, moisture content)은 목재의 함유수분의 무게에 대한 전건재 무게의 비로 산출되며, 분율함수율(分率含水率, m)과 백분율함수율(M)로 표시한다.(정희석, 앞의 책, 2005, p.267)

3장
목공구와 연장

1. 목공구

기술의 발달과 도구의 발달은 밀접한 관계가 있다. 도구의 발달에 따라 다양한 기물의 제작이 가능해졌고, 기술의 발달은 그에 맞는 도구를 발명해서 사용함으로써 도구의 발달을 촉진했다. 인간은 구석기시대부터는 돌을 이용하여 각종 기물을 제작해 왔다. 이 시기에 돌과 함께 인간이 사용한 중요한 도구는 불이었다. 불은 음식을 익히고 추위로부터 몸을 지켜줄 뿐만 아니라, 목재를 다루는 중요한 도구이기도 했다. 돌도끼만을 사용하여 커다란 원목을 자르는 것은 여간 힘든 일이 아니다. 그러나 자르고자 하는 지점에 불을 피우고 태우면 돌도끼만으로도 쉽게 자를 수 있다. 일례로 강원도 일부 지역에서는 1980년대까지 불을 이용하여 목재 절구나 쌀독을 만들었다.

석기, 청동기, 철기시대를 거치면서 목공 도구의 재료는 발전했고, 그만큼 도구도 견고해졌다. 작고 단단한 도구를 이용하여 정교한 기물을 제작하는 것이 가능해졌으며, 투박하고 단순한 형태를 벗어나 화려하게 기물을 장식하는 것도 가능해졌다. 근대 이전까지 사용했던 목공 도구의 형태는 대부분 석기, 청동기, 철기시대를 거치면서 완성되었는데, 철기시대에 사용한 도끼와 자귀는 신석기시대의 돌도끼, 돌자귀와 날의 재료는 다르지만 그 형태는 유사하다. 둘 다 나무자루에 날을 고정해서 목재를 깎는데 사용한다. 톱이나 활비비[54]는 청동기시대의 이집트 벽화에 등장할 만큼 오래되었으며 형태도 오늘날의 것과 유사하다.[55] 특히 송곳의 축을 돌리는 활비비의 동작 원리는 갈이틀(旋車)의 축대를 돌리는 원리와 같다. 갈이틀은 선차旋車, 선기鏇機라고도 하는데, 재료를 위에 얹어 돌리면서 칼을 대어, 여러 가지 물건을 갈아 만드는 틀을 말한다. 갈이틀은 이집트에서 적어도 기원전 3세기경에는 사용되었을 것으로 보인다.[56] 대패의 경우는 서기 79년 폼페이 유적에서 발견된 것이 가장 오래된 것이다.[57] 이처럼 목공 도구는 그 형태와 원리가 이미 오래전에 완성되었고 현재까지도 그 형태를 유지하며 쓰이고 있다.

1) 벌목 공구

벌목은 나무를 베고 일정한 길이로 자르는 과정이다. 벌목은 예전부터 나무에 물이 내리는 겨울에 주로 진행해 왔다. 쇠로 된 띠 형태의

---

54 활같이 굽은 나무에 시위를 메우고, 그 시위에 송곳 자루를 건 다음 밀고 당기는 반복을 통해 구멍을 뚫는 송곳을 일컫는다.
55 고대 이집트 신왕국시대(BC 1567 – BC 525)의 Vizier Rekhmire의 고분벽화에 등장한다.
56 갈이틀의 기원에 관해서는 '최공호, 「갈이틀(旋車)의 명칭과 磨造匠의 소임」, 『미술사논단』 Vol.43, 한국미술연구소, 2016.' 참고.
57 Roger B. Ulrich, *Roman Woodworking*, Yale University Press, 2007, p.43.

톱날이 나오기 전에는 주로 도끼를 이용해 벌목을 했으며 톱이 발명된 이후에는 도끼와 톱을 병용해서 나무를 베고 잘랐다.

① 도끼

도끼는 '斤', '斧' 등으로 쓴다. 중국 고대의 어휘사전인 『석명釋名』에 장수가 만드는 기물이고 벌목할 때 쓴다고 하여 병기兵器의 용도와 벌목도구의 용도로 쓰였음이 확인된다.[58] 또한 『정자통正字通』에는 철로 만들고, 굽은 막대로 자루를 삼으며, 조각칼의 총칭이라고 기록되어 있다.[59]

명대 송응성宋應星의 『천공개물天工開物』에서는 '도끼의 제작 방법이 강철로 숙철을 감싸는 것이 가장 좋은 방법이며, 그 다음으로는 강철을 숙철에 끼워서 날을 만드는 방법'이라고 되어 있다.[60]

이는 도끼질을 할 때 발생하는 충격을 숙철이 흡수하도록 하여 날이 부러지는 것을 방지하기 위한 방법으로 보인다.

서유구徐有榘의 『금화경독기金華耕讀記』에서는 『정자통』을 인용하면서 대개 나무를 다루는데 껍질을 제거하는 것은 도끼가 아니면 안 된다는 설명을 덧붙이면서 단순히 나무를 베는 것뿐만 아니라 거피去皮 용도로도 사용했음을 언급하고 있다.[61] 즉 도끼는 나무를 베는 단계에서 가지를 치고 껍질을 벗기는 용도까지 폭넓게 사용되었음을 알 수

---

58 『釋名』, "斧, 甫也. 甫, 始也. 凡將制器, 始用斧伐木, 已乃制之也."
59 『正字通』, "以鐵爲之, 曲木爲柄, 剞劂之總稱."
60 『天工開物』, 「錘鍛」. "刀劍絕美者, 以百鍊鋼包裹其外, 其中仍用無鋼鐵為骨. 若非鋼表鐵裏, 則勁力所施, 卽成折斷. 其次尋常刀斧, 止嵌鋼於其面."
61 徐有榘, 『金華耕讀記』, "鋼鐵爲刃, 曲木爲柄, 所以斫木也. 凡攻木去皮, 非此不可."

있다.

앞서 언급한 것과 같이 대톱이 발명되어 혼용되면서도 대체되어 소멸하지 않고 근대에 이르기까지 사용하는 벌목용 도구이다. 도끼와 톱을 병행해서 사용했던 것은 살아있는 나무를 베는 데에는 도끼가 더 유리했기 때문이다. 물이 내리는 가을과 겨울철에 나무를 베더라도 나무에는 수액이 있다. 수액은 끈끈하기 때문에 톱을 이용해서 베면 톱에 강한 마찰이 생기게 된다. 그리고 서 있는 나무는 절반 이상 톱질을 하면 그 나무의 무게에 눌려서 톱이 물리게 된다. 반면 도끼는 찍는 방식으로 사용하기 때문에 수액으로 인한 마찰의 영향을 거의 받지 않는다. 벌목은 주로 나무의 밑동 방향을 잡고 쓰러뜨리는 방식으로 이뤄지는데, 나무를 베서 쓰러뜨릴 때는 도끼를, 쓰러뜨린 나무의 가지를 베거나 용도에 맞는 길이로 자를 때는 대톱을 사용했다.

2) 제재 공구

제재는 베어낸 나무를 용도에 맞는 크기로 자르고 켜는 과정이다. 건조 과정 중의 손실량을 가늠해서 넉넉한 크기로 제재한다. 주로 톱과 자귀 등의 도구를 사용한다.

① 톱

톱도 구석기와 신석기를 거쳐 철기로 정착하면서 오늘날과 같은 형태를 갖추었다. 구석기시대와 신석기 시대에는 나무를 자르는 용도로 톱날석기를 사용했다.[62] 신석기 시대의 톱은 길고 얇은 톱을 갈아서

---

62 정동찬 외, 『전통과학기술 조사연구(Ⅴ) - 목공도구, 가죽다루기』, 국립중앙과학관,

톱날을 세워서 만들었다. 쇠로 된 톱날은 5-6세기 것으로 추정되는 대구 비산동 고분과 전남 나주 반남면 고분군에서 출토된 톱이 있다.[63] 이 톱들은 탕개[64]틀을 갖추지 않고 슴베[65]에 손잡이를 고정하는 형태로, 미는 톱이다. 벌목용 도구로서의 대톱의 출현을 중국에서는 늦어도 서한시대로 본다. 그리고 탕개틀을 갖춘 형태의 벌목용 대톱은 당 이후에 출현한 것으로 보고 있다.[66]

톱은 '鋸', '鉅' 등으로 쓴다. 『정자통』에는 '띠철을 가지고 그 톱니를 한쪽은 좌, 한쪽은 우 방향으로 어긋나게 만들며 나무나 돌을 가른다.'라고 했다.[67] 조선시대 각종 의궤서에 나타나는 톱의 명칭은 '鉅'에 지시하는 접두어를 붙여 표기했다. 톱의 한자 표기는 '鋸'인데 '鉅'라는 차자를 사용한 것이다.[68] 결톱은 '인거引鉅', 자름톱은 '걸거틀鉅, 擧乙鉅'로 기록되어 있다.

송응성의 『천공개물』에서는 톱에 관해 다음과 같이 설명하고 있다.

톱은 숙철을 단조하여 얇은 띠모양으로 만든다. 강철을 사용하지 않고, 또한 강해지도록 담금질하지도 않는다. 불에서 꺼내 열기를 식힌 후, 차가운 상태에서 빈번히 단련하여 성질을 굳힌다. 줄을

1997, p.25.
63 정동찬 외, 앞의 책, 1997. p.26.
64 물건의 동인 줄을 죄는 물건. 동인 줄의 중간에 비녀장을 질러서 틀어 넘기면 줄이 졸아들게 된다. (국립국어원 표준어대사전)
65 칼, 괭이, 호미 따위의 자루 속에 들어박히는 뾰족하고 긴 부분(국립국어원 표준어대사전)
66 李滇, 『中國傳統建築「木」作工具』, 上海:同濟大學出版社, 2004, p.54.
67 『正字通』, "鐵葉爲離䶢, 其齒一左一右, 以片解木石也."
68 영건의궤연구회, 『영건의궤 – 의궤에 기록된 조선시대 건축』, 동녘, 2010, p.986.

이용하여 톱니를 낸다. 양쪽 끝은 나무를 물려서 지지대를 만들고, 대껍질을 꼬아서 길게 편 뒤 줄을 팽팽하게 감아 곧게 만든다.

긴 것은 나무를 켜고, 짧은 것은 나무를 자른다. 톱니가 가장 촘촘한 것은 대나무를 자를 때 쓴다. 톱니가 무뎌지면 자주 줄질을 해서 날카롭게 한 뒤 사용한다.[69]

이는 탕개톱에 관한 설명으로 제작 방법에서 용례까지 망라하고 있다.

톱은 톱냥(鋸樑), 톱자루, 동발, 탕개로 구성되어 있다. 톱냥 양쪽에 톱자루 밑 부분인 톱소매를 하나씩 연결하고 톱자루 중간쯤에 동발을 지지한 다음 톱자루 양쪽 맨위를 탕개로 걸어 조여서 탕개목을 동발에 고여 놓는다. 동발로는 참나무 또는 보통나무를 많이 쓰나 압축에 강한 대나무로 쓸 때도 있다. 탕개줄로는 삼, 닥나무껍질, 말총 등을 꼬아서 사용한다.[70]

톱은 용도에 따라 자르는 톱과 켜는 톱으로 나누고, 크기에 따라서는 대톱大鋸, 중톱(중거리), 소톱小鋸으로 나눈다. 켤톱引鋸은 목재의 섬유 방향으로 켜는 것인데 톱니의 모양은 약 70° 정도 삼각형

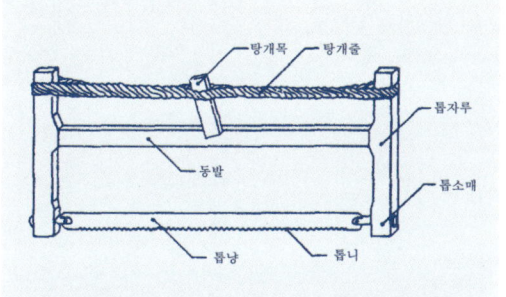

도 4. 탕개톱의 구조(참고: 이왕기, 「조선후기의 건축도구와 기술」, 『전통과학기술학회지』 Vol.1-1, 한국전통과학기술학회, 1994, p.49.)

---

69 『天工開物』, 「錘鍛」. "凡鋸, 熟鐵鍛成薄條. 不鋼, 亦不淬健. 出火退燒後, 頻加冷錘堅性, 用鎈開齒. 兩頭銜木爲樑, 糾篾張開, 促緊使直. 長者剖木, 短者截木, 齒最細者截竹. 齒鈍之時, 頻加鎈銳, 而後使之."
70 이왕기, 「조선후기의 건축도구와 기술」, 『전통과학기술학회지』 Vol.1-1, 한국전통과학기술학회, 1994, p.48.

으로 되어 톱니끝이 끌과 같은 역할을 하면서 켜지게 되며 날어김을 적게 함으로써 마모도 적게 한다. 자르는 톱斷鋸은 치목治木을 할 때 목재의 섬유 방향에 대해 직각 방향으로 자르는 톱이다. 대형 원목을 자르기 위해 톱냥과 통발 사이를 넓게 하고 날어김을 크게 한다. 대톱은 치목의 초기 단계에서 원목을 자르거나 제재할 때 사용되고 중톱과 소톱은 치목의 중간 과정과 마무리 단계에서 주로 사용된다.[71]

특히 소톱은 크기가 작고 세밀한 곳에 사용하는 도구로 톱니가 작고 간격도 좁게 되어 있어서 창호나 가구를 짜는 소목장들이 특히 많이 사용하는데, 용도에 따라 더 세분화되어 실톱, 꼬리톱, 양날톱 등이 있다. 이 중 양날톱은 톱냥의 양쪽에 톱니를 세워 한쪽은 썰음톱, 한쪽은 자름톱의 용도로 사용하며 톱냥의 한쪽 끝을 뾰족하게 슴베로 만들어 자루에 끼워 사용하는 톱으로 일본인들이 기존의 탕개톱을 개량해 만든 톱이다.[72]

3) 평목 공구

① 자귀

자귀는 목재의 평면을 가공할 때 쓴다. 톱을 사용하여 나무를 켜기 이전에는 나무에 쐐기를 일렬로 박아서 쪼개기도 했는데 이렇게 쪼갠 나무를 평면으로 다듬을 때 자귀를 이용했다. 도끼가 벌목에

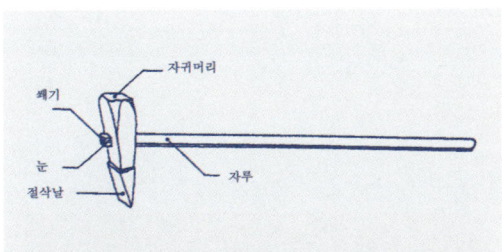

도 5. 자귀의 구조(참고: 이왕기, 「조선후기의 건축도구와 기술」, 『전통과학기술학회지』, Vol.1-1, 한국전통과학기술학회, 1994)

---

71 이왕기, 「나무와 건축」, 『대한건축학회지』 Vol.36-4, 대한건축학회, 1992, p.56.
72 이왕기 외, 『한국의 건축생산 도구에 관한 연구』, 한국연구재단, 2005, p.61.

알맞도록 날 방향과 자루 방향이 일치하도록 만들어진 것과는 다르게, 자귀는 날 방향과 자루 방향이 수직으로 되어 있어서 표면을 훑어내는데 알맞은 구조로 되어 있다.[73] 켜 낸 판재의 두께를 얇게 다듬는 데에도 쓰였다. 켜는 톱이 발명된 후에도 자귀는 많이 이용되었다. 자귀의 사용이 숙달되면 힘을 덜 들이고도 빠른 시간에 평면을 얻을 수 있기 때문이다.

자귀는 '근斤', '분錛'으로 쓴다. 정약용의 『아언각비雅言覺非』에서는 분자錛子는 자귀茨貴라 말하고 소근小斤이라고 했다.[74] 조선시대 각종 의궤에서 자귀는 '좌이佐耳' 또는 '작이斫耳' 등으로 음차 표기되어 있다. 자귀는 외형적으로 나무로 된 쐐기 모양의 몸통과 몸통 끝에 씌워 쓰는 자귀날, 그리고 자루로 구성되어 있다.

자귀는 크기에 따라 대자귀, 중자귀, 소자귀로 구분할 수 있으며, 대자귀는 서서 작업하는 큰 자귀를 말하는데 선자귀라고 부르기도 한다. 주로 앉아서 작업하는 작은 자귀를 소자귀 또는 손자귀라고 부른다. 소자귀 중에서 머리 부분이 모두 쇠로 된 자귀를 까뀌라고 부르기도 한다.

② 대패

대패는 목재의 표면을 평평하게 다듬거나 원하는 모양을 낼 때 사용하는 도구이다. 한자로는 '鉋', '刨', '鏟', '鐋' 등으로 표기해 왔다. 대패, '鉋'에 대해서 『정자통』에서는 '쇠날, 산鏟과 같은 형상, 나무토

---

[73] 이경미, 「발굴유물로 본 삼국 – 고려시대 건축도구 시론」, 『건축역사연구』 Vol.14 – 2, 한국건축역사학회, 2005, p.234.
[74] 『雅言覺非』, "錛子謂之茨貴, 小斤也."

막 가운데 끼워져 있고, 나무에 구멍이 있으며, 양쪽에 작은 자루가 있어서 손으로 반복하여 밀어 나무 조각이 구멍으로 빠져 나오고 빠르게 사용하는 것이 산과 비슷하다.'고 설명하고 있다.[75]

건축 목공구에 관한 기존 연구에서는 고대의 백제 지역의 대패는 날에 자루를 끼워 사용하는 자루대패였을 것으로 본다.[76] 중국과 일본의 유물에 자루대패가 남아 있고, 회화 자료에도 자루대패의 모습이 등장하기 때문이다.[77] 문화의 횡적 흐름으로 비추어 봤을 때 동시대의 인접국에서 사용하던 치목 도구가 한반도에서도 쓰였음은 자연스러운 현상일 것이다.

중국에서 대패의 기원은 문헌 자료와 회화 자료를 바탕으로 당대 발명설과 명대 발명설이 주된 견해였다. 그러나 2010년 산둥성山東省 허저荷澤의 원대 침몰선에서 평대패 유물이 발견됨으로써 실존 유물을 기준으로 하한 연대는 원대로 비정되었다.[78] 국내에서도 "홍무이십일년무진사월洪武二十一年戊辰四月"이라는 명문이 기록된 가구가 발견되었는데 이 가구의 기둥과 쇠목에 쌍사밀이 대패로 치목한 흔적이 분명하게 나타난다.[79] 쌍사밀이 대패는 대팻날과 대팻집에 두 줄의 홈을 파서, 대패로 밀었을 때 두 줄의 곡면이 새겨지는 대패를 말한다. 이 쌍사밀이 대패가 사용되었다는 것은 당시에 이미 평대패가 존재했음을

---

75 『正字通』, "鐵刃, 狀如鏟, 銜木匡中, 不令轉切, 木匡有孔, 旁兩小柄, 以手反復推之, 木片從孔出, 用捷于鏟."
76 이왕기 외, 연구보고서, 2005, p.115.
77 자루대패는 중국에서는 削, 일본에서는 鉋, 槍鉋, やり がんな 등으로 쓴다.
78 孔凡胜, 「菏澤元代古沉船出土平木工具 - "刨子"初探」, 2011. 참조.
79 김삼대자, 「〈洪武二十一年戊辰四月〉銘 가구의 양식과 명문연구」, 『미술사학연구』 Vol.271 · 272, 한국미술사학회, 2011, p.51.

말한다. 쌍사밀이 대패는 이미 평평한 면이 잡혔을 때 사용할 수 있고, 또한 대패의 제작과정에서 평대패에 세로로 두 줄의 홈을 파서 만들기 때문에 평대패가 이미 존재해야 가능하기 때문이다. 따라서 목공도구로서의 평대패는 적어도 고려시대인 1388년 이전부터 우리나라에서 사용했을 것으로 보인다.

본래 우리나라와 중국, 서양에서 사용하던 대패는 밀어서 쓰는 대패이고 지금과 같이 당겨서 깎는 형태의 대패는 일제강점기에 들어온 일본식 대패이다. 이처럼 밀어서 쓰는 '퇴포推鉋'가 1527년 『훈몽자회訓蒙字會』에서는 'ᄃᆡ파', 1576년 『신증유합新增類合』에서 'ᄃᆡ패' 등의 용례로 쓰이다가 곧 '대패'로 변천 된 것이다. 고유어로는 '글게', '밀이' 등으로 쓰기도 했다.

조선시대 각종 영건의궤에서는 대패를 통칭하는 말로 '代牌', '帶把', '大波', '大佩' 등으로 표기했고, 종류를 구분할 경우에는 '未里', '米里', '味里', '味伊', '尾里' 등의 차자 표기에 형태나 용도를 지시하는 접두어를 붙여서 표기했다.[80]

『천공개물』에서는 17세기 당시 사용하던 대패에 대해 그 사용법과 종류를 다음과 같이 설명하고 있다.

> 대패는, 강철 한 치를 철에 끼워서 숫돌에 갈아서, 칼날 끝이 미세하게 나타나게 하여, 평평한 나무의 입구 면에 비스듬히 나오게 한다. 옛 이름은 '준'이다. 큰 것은 대패를 뒤집어놓고 날이 위로 드러나게 하고는, 깎을 나무를 손에 쥐고 당겨서 깎는데, 이름이 '퇴

---

80 영건의궤연구회, 앞의 책, 2010, p.987.

포(밀이대패)'다. 원통을 만드는 목공들이 그것을 사용한다. 보통 사용하는 대패는 가로막대가 양 날개처럼 되어 있는데, (그것을) 손으로 잡고 앞으로 민다. 목수의 우두머리가 세밀한 일을 하는 것에는 '기선포'가 있는데, 날의 너비는 2푼쯤 된다. 또한, 극히 빛나도록 나무를 긁는 것은 이름이 '오공포'로 한 나무의 위에, 십여 개의 작은 칼이 물려 있어서, 지네蜈蚣의 발처럼 생겼다.[81]

위에서 등장하는 대패는 손잡이가 달린 보통의 '평대패', 대패를 고정해서 사용하는 '대형대패', 기선포라 불리는 '변탕' 또는 '개탕', 여러 개의 날이 박혀있는 '오공포' 등이다.

조선 후기 서유구의 『금화경독기』에는 탕錫이 등장하는데 오늘날 변탕邊錫, 개탕開錫 등의 명칭에 등장하는 대패의 또 다른 명칭이다.

'탕'은 『정음正音』에서는 음이 '당'이다. 대개 장인이 나무를 다룰 때 쓰는 기구다.(『운회』) 쇠를 끊어서 만든다. 무릇, 나무와 돌은 도끼와 자귀의 흔적이 있는 것이고, 그것을 문지르는 것으로 하여금 평평해지게 된다. 쇠를 다루는 줄鑢과 서로 비슷하다.[82]

『천공개물』에 기록된 오공포와 『금화경독기』에 기록된 탕은 같은

---

81 『天工開物』,「錘鍛」. "凡刨磨礪嵌鋼寸鐵, 露刃秒忽, 斜出木口之面, 所以平木. 古名曰準. 巨者臥準露刃, 持木抽削, 名曰推刨. 圓桶家使之. 尋常用者, 橫木爲兩翅, 手執前推. 梓人爲細功者, 有起綫刨, 刃闊二分許. 又刮木使極光者, 名蜈蚣刨, 一木之上, 銜十餘小刀, 如蜈蚣之足."
82 『金華耕讀記』, "錫正韻音儻. 工人治木器(『韻會』). 以鐵爲斷, 凡木石有斤斧痕迹者, 摩之令平也. 蓋其制與治金之鑢相似也."

도구이다.[83] 문헌 기록으로 보면 탕의 기록은 북송 때 처음 등장하므로 탕은 오공포의 원형이다. 오늘날 사용하는 변탕, 개탕과는 다르게 수직의 날이 여러 개 물려 있고 손잡이가 있다. 오공포는 중국의 명대에서 청대를 걸쳐 경질의 홍목紅木 가구 표면을 다듬을 때 쓰인 평목공구다. 단단한 목질의 표면을 수직으로 선 날을 이용해서 매끄럽게 마감하는 기능을 한다. 탕의 원형으로 볼 수 있는 백제의 유물이 부여에서 발굴되었는데, 이 도구는 자귀를 제외한 평목공구 중에서는 가장 이른 시기의 것이다.[84]

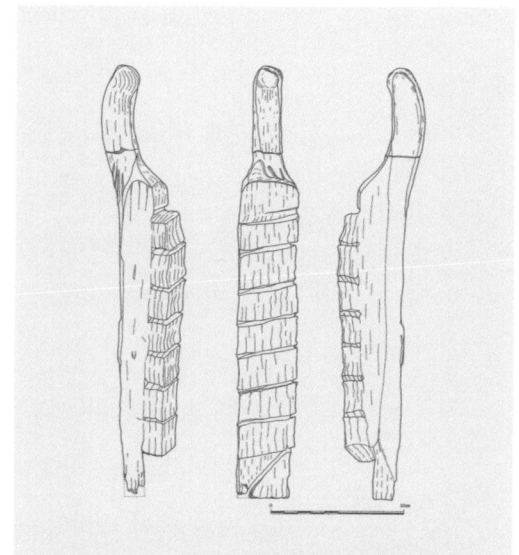

도 6. 부여 궁남지 출토 '탕(錫)' 추정 유물(국립부여문화재연구소, 『궁남지Ⅱ-현 궁남지 서북편 일대』, 2001, p.52.)

고유의 대패 구조는 대팻집에 홈을 파고 대팻날을 끼워서 사용하는 형태이며, 양쪽으로 나 있는 대팻손을 각 손에 쥐고 미는 형태로 되어 있다. 경우에 따라 당길손이 달려 있어 보조자가 힘을 더하기도 한다.

대패의 날이 하나만 끼워져 있는 것을 홑대패 또는 홑날대패라 하고, 외겹날 위에 날을 하나 더 끼운 것을 겹대패 또는 덧날대패라 한다. 우리 고유의 대패는 대부분 홑날로 되어 있으며 밀어서 깎는데 목재의 결의 반대 방향이나 무 결, 옹이 등은 쉽게 밀 수가 없고 결의 모

---

83 李浈, 앞의 책, 2004, p.172.
84 이운천, 최공호, 「부여 출토 고대 평목공구의 기능과 명칭 – 탕(錫)추정 유물 – 」, 『무형유산』 Vol.2, 국립무형유산원, 2017. 참고

양에 따라 밀어야 하는 불편함이 있으며, 밀어 사용하는 경우 힘은 덜 들지만 섬세한 가공이 힘들었다. 반면 덧날대패는 깎이는 즉시 덧날에 밀려 나오기 때문에 엇결이 져 있어도 곱게 깎을 수 있었으며 당겨서 사용할 경우, 힘이 약간 더 들지만 섬세한 가공이 훨씬 수월했다. 이로 인하여 당겨쓰는 덧날대패가 일제강점기에 유입되면서 우리 전통의 홑날대패는 거의 사용되지 않게 되었다. 현재는 일본의 것과 동일한 구조인 당겨쓰는 겹날대패가 주로 쓰인다.[85] 이러한 인식은 배희한 목수의 구술에서 잘 드러난다.

조선 대패는 밖에서 잡아댕기는게 아니구 안에서 밖으루 밀어요, 잡아댕기는 거 아니야. 이 일인들은 죄 밖에서 잡아댕기지 조선 사람은 그거 없어. 이마적에는 죄 해방목수들이니까, 일본 대패루 허니까 잡아 댕기구 그러지만 그 전에는 밖으로 미는 거야. 그런데 대패는 왜대패가 좋지. 어찌 그렇느냐허면 조선 대패는 앞이나 뒤나 쇠가 한통이걸랑 그런데 왜대패는 쇠가 둘이야. 쇠가 둘이어서 대패날이 서로 물려있단 말이야. 그래서 왜 대패루 갈며는 반듯허게 한 일자루 갈아져. 그러나 조선 대패는 세상없어두 반듯허게는 못 갈아요. 밤낮 동그랗게만 갈아졌지. 일본 대패는 겹날이야. 겹날이라는 거는 대패가 날이 둘이야. 겹날을 박아야 대패날이 찢어지지 않아. 그런데 조선 대패는 홑날이걸랑. 홑날이 돼서 나무가 젖어 죽은게 있으면 밀 수가 없어. 죄 일어나서, 찢어져서 곧밀 수가 없어. 그런데 조선 사람은 어째서 옛날부터 그게 없는지... 그리

---

85 김희수, 김삼기, 『민속유물의 이해 - 목가구』, 대원사, 2004, p.610.

구 지금에는 일본이 들어와 가지구는 대패집꺼정 맨들어서 팔았지만 그 전에는 맨날 대장간에서 쳐다가 목수들이 대패집을 맨들었어.[86]

대팻집을 만드는데 많이 사용되는 나무로는 참나무, 가시나무, 너도밤나무를 고급으로 쳤고, 특히 단단하고 결이 곧으며 수축 변형이 적은 참나무가 주로 사용된다. 대팻집을 만들기 위해서는 참나무 등을 연못 가장자리의 개흙 속이나 연못 밑바닥에 1년쯤 묻어두었다가 꺼내어 쓰는데 그 이유는 묻어두는 동안 나무는 잘 썩지는 않지만 기름기가 모두 빠져서 나중에 트집이 생기지 않기 때문이다. 대팻집이 완성되면 표면에 기름을 먹이는데, 이는 사용할 때 쉽게 닳는 것을 방지하기 위해서이다. 그리고 대팻날은 강쇠를 단련하여 만드는데, 날과 날면은 강쇠로, 날등과 윗부분은 막쇠(떡쇠)로 만들어 쓰며, 그 두께는 얇은 것은 1.5mm에서 두꺼운 것은 5mm 정도이다.[87]

가구를 만드는 장인은 용도에 따라 많은 대패를 가지고 있었으며, 각각 장인의 용도에 맞는 특수한 형태의 대패를 만들어서 사용하기도 했다. 대패는 마름질에 따라 막대패(초련대패), 재대패(중대패), 잔대패(마름질대패)로 나뉘며 모양과 기능에 따라 평대패, 장대패, 짧은대패, 곧날대패, 실대패, 변탕, 개탕, 뒤집대패, 둥근대패, 골밀이대패, 살밀이대패 등으로 구분된다.

---

86 배희한, 이상룡, 『이제 이 조선톱에도 녹이 슬었네』, 뿌리깊은 나무, 1981, p.61.
87 정동찬 외, 앞의 책, 1997, p.17.

4) 장부 제작 및 조각 공구

① 끌

끌은 부재의 이음과 맞춤을 위해 구멍을 뚫거나 홈을 팔 때 사용한 연장이다. 고고 유적지에서는 나무를 다루어 집을 짓던 신석기시대부터 돌로 만든 끌과 청동, 철제 끌이 많이 출토되고 있다.

끌은 '鑿'으로 쓴다.『설문해자說文解字』에 끌은 나무를 파는 것이라고 되어있다.[88] 『천공개물』에는,

> 끌은 숙철로 단조하여 만들고, 입구에 강철을 끼우는데, 나무를 끼우기 때문에 그 근본은 원형으로 비어있다. (먼저 철골을 두드려 본을 삼는데 이름을 '양두'라고 한다. '구기' 자루에도 같이 쓴다.) 자루를 두드려 나무를 파서 구멍을 낸다. 그 끝의 대략적인 것은 너비가 한 치 정도이고, 세밀한 것은 3푼에 그칠 뿐이다. 원형의 구멍을 팔 때는 '완착'을 만들어서 쓴다.[89]

라고 되어있다.

조선시대 영건의궤에는 끌을 통칭하는 표기로 '鏟子'를 표기했고, 종류를 구분할 때는 접두어를 붙여 표기되어 있다. 조선시대에 사용한 끌은 나무자루의 손잡이가 없이 통쇠로 되어 있다. 좁고 긴 쇠봉의 한쪽 끝에 날을 세우고 반대쪽 머리를 망치로 타격하여 사용했다.

---

88 『說文解字』, "穿木也."
89 『天工開物』, 「錘鍛」. "凡鑿, 熟鐵鍛成, 嵌鋼於口, 其本空圓, 以受木(先打鐵骨爲模, 名曰羊頭, 杓柄同用). 斧從柄催, 入木透眼. 其末粗者闊寸許, 細者三分而止. 需圓眼者, 則製成剜鑿爲之."

기록에 나타난 끌은 크기에 따라서 大錯(큰끌), 中錯(중간끌), 小錯(작은끌), 날의 길이와 날폭에 따라서 長錯(긴끌), 長狹錯(길고 좁은끌), 한一分錯(푼끌), 三分錯(서푼끌), 四分錯(너푼끌), 三分召伊錯(서푼소이끌), 曲錯(굽은끌), 小曲錯(작은굽은끌), 小小曲錯(아주작은굽은끌), 圓錯(둥근끌), 開里錯(개리끌), 愛錯(애끌) 등의 종류가 나타난다.[90]

조선시대까지만 해도 끌 전체가 통쇠로 되어있었고, 끝부분에만 날을 세워 사용했다. 통쇠로 만든 끌은 웬만한 옹이에도 잘 들어간다. 당시에는 끌질을 할 때 나무망치를 사용했기 때문에 끌이 무거워야만 했던 것이다.[91]

오늘날 사용하는 나무자루가 달린 끌은 일본에서 개량한 것이다. 자루로 사용된 나무는 참나무, 느티나무 등 단단한 나무로 만들었고 슴베가 끼워지는 부분과 자루머리는 쇠가락을 끼우는데 '목갱기'라 한다. 목갱기는 자루가 파손되는 것을 방지해 주고 오랫동안 쓸 수 있게 해 준다.[92]

② 메

말뚝이나 못을 박을 때, 또는 두 접합체를 맞춤할 때와 같이 무엇을 박거나 칠 때 사용하는 도구이다. 메의 기본 구조는 내려치는 머리 부분과 손으로 쥐는 자루의 두 부분으로 되어 있다. 주로 쇠나 나무로 만드는데 쇠로 만든 것을 쇠메, 나무로 만든 것을 목메라 한다. 목메는 참나무, 느티나무, 떡갈나무, 대추나무와 같이 단단한 나무를 사용

---

90 영건의궤연구회, 앞의 책, 2010, p.983.
91 이왕기 외, 앞의 연구보고서, 2005, p.32.
92 위의 연구보고서, 2005, p.65.

하며, 머리가 비교적 크고 양쪽은 평평하다. 소목장들이 못을 박을 때 사용하는 것은 장도리로 오늘날 마치 또는 쇠망치라고 한다. 끌머리를 때릴 때 사용하는 것은 장도리메 또는 끌방망이라고 한다.[93]

정약용의 『청관재물고清館才物考』에는 종규椶揆라고 부른다고 기록되어 있다. 의궤에는 끌방망이는 '錯方亇赤', '方亇赤' 등으로 표기되었고, 작은 못을 박기 위한 쇠망치는 '西道里'로 표기되어 있다. 장도리長道里는 한 쪽은 못을 박을 수 있는 망치가 달려있고 반대쪽에는 못을 뽑는 갈고리가 달린 쇠망치를 말하는데 목부재에 크고 작은 못을 박는 보편적인 도구다.

③ 송곳

송곳은 목부재에 구멍을 뚫는 용도로 사용한다. '鑽', '錐' 등으로 쓴다. 『천공개물』에서는,

송곳은 숙철을 단조하여 만들며, 강철을 넣지 않는다. 서적류를 장정할 때는 둥근 송곳을 사용한다. 가죽을 다룰 때는 '납작송곳'을 사용한다. 도편수가 끈으로 돌려 구멍을 뚫고 못을 박아 나무를 결합 할 때는 '사두찬'을 사용한다. 그 모양은: 뾰족한 윗부분이 대략 두 푼, 한 면이 둥글게 솟아 있고, 다른 면은 들여서 깎여있는데, 옆으로는 양쪽으로 서슬이 서 있어 이로써 돌려서 뚫기 편하다. 얇은 구리를 다룰 때는 '계심찬'을 쓴다. 전신에 세 개의 모서리가 있는 것을 '선찬'이라 하고, 전신이 네모나면서 끝이 날카로운 것을

---

93 이왕기 외, 앞의 연구보고서, 2005, p.67.

'타찬'이라고 한다.[94]

라고 설명하고 있다. 사두찬은 돌대송곳 또는 활비비에 사용하는 송곳을 말한다.

의궤에 기록된 목공용 송곳은 錐子(송곳), 大錐子(큰송곳), 道乃錐子(도래송곳), 朴串(바곳), 大朴串(대바곳), 大同串(큰동곳), 中同串(중간동곳), 小同串(작은동곳), 同串(동곳), 非倍刀(비배도), 弓非排(활비비), 鑽穴, 穴金(구멍쇠) 등이다.[95]

송곳은 연철로 한쪽 끝은 뾰족하게 만들고 반대쪽에는 전나무와 같이 연한 재질의 나무 손잡이를 끼워 만든다. 사용 방법은 사람의 손으로 비비거나 돌려서 구멍을 뚫기도 하고, 어떤 것은 보조 기구를 사용하기도 한다. 송곳은 용도에 따라 네모송곳, 세모송곳, 타래송곳, 도래송곳, 반달송곳, 중심송곳, 국화송곳, 활비비, 돌대송곳, 바곳 등으로 나눈다.

5) 연마 공구와 접착 재료

① 줄, 환

줄은 쇠나 나무를 썰어 깎는 도구로 '鑢'라고 쓴다. 목공 도구로서의 줄은 주로 목재의 마구리 부분을 다듬는 용도로 사용했다. 『천공개물』에서는,

---

94 『天工開物』, 「錘鍛」. "凡錐, 熟鐵錘成, 不入鋼和. 治書篇之類, 用圓鑽. 攻皮革用扁鑽. 梓人轉索通眼, 引釘合木者, 用蛇頭鑽. 其制穎上二分許, 一面圓, 二面剡入, 傍起兩棱, 以便轉索. 治銅葉用雞心鑽. 其通身三棱者, 名旋鑽. 通身四方而末銳者, 名打鑽."
95 영건의궤연구회, 앞의 책, 2010, p.992.

> 나무 끝을 다듬을 때에는 송곳으로 원형 구멍을 만들고 세로줄무늬나 사선 문양은 쓰지 않는다. 이름하여 '향차'다.[96]

라고 하여 목공용 줄의 모양을 설명하고 있다. 목공용 줄에 원형의 구멍을 뚫는 것은 줄로 갈았을 때 나오는 목분이 엉겨서 줄눈에 끼는 것을 방지하기 위해서이다.

환은 가공 후 남은 대패자국이나 끌 자국을 갈아서 없애는 연마의 용도로 사용했다. 사피鯊皮, 沙皮, 사어피沙漁皮, 사어구중피沙漁口中皮, 어피환漁皮-, 교피鮫皮, 안기려雁歧鑢 등으로도 부른다.[97]

서유구의 『금화경독기』에서는,

> 바다상어 껍질에는 모래알 같은 진속疹粟(소름)이 있다. 나무 다루는 사람은 그 가죽을 아교로 막대기에 붙인다. 그것을 이용하여 대패의 흔적을 갈아서 평평하게 하는데, 금속을 다루는 '줄'과 같다.[98]

고 하여, 오늘날의 사포와 같은 연마재 역할을 했음을 알 수 있다.

② 속새

속새는 곱게 연마하거나 광을 내는 용도로 사용했으며, 다른 말로

---

96 『天工開物』, 「錘鍛」. "治木末, 則錐成圓眼, 不用縱斜文者, 名曰香鑢."
97 이왕기 외, 앞의 연구보고서, 2005, p.68.
98 『本草綱目』, "海鯊皮, 有疹粟如沙. 治木者, 取其皮, 膠付木條上. 用以磨平鉋痕, 猶攻金之鑢也."

목적木賊이라고도 부른다.『본초강목』에서는,

> 목적은 마디가 있고 표면이 거칠고 까끌까끌하다. 나무와 뼈를 다루는 사람이 그것을 사용하여 갈거나 문지르면, 곧 빛이 나면서 깨끗해진다.

고 하여 연마재로서의 기능에 대해 설명하고 있다. '환'보다 더 곱게 연마할 수 있으며, 비교적 구하기가 쉬워 널리 쓰였다.

③ 인두

오동나무는 가볍고 건습 조절이 용이한 재료이다. 또한 얇고 넓은 판재 상태에서도 변형이 적어 가구 재료로 적합하지만 희고 무른 단점이 있다. 이를 보완하고자 표면을 인두로 지진 후 볏짚으로 문질러 약한 부분은 들어가고 단단한 부분은 도드라지게 하여 나뭇결을 살리는 기법을 사용했는데 이것을 낙동법烙桐法이라 한다.[99]

④ 접착 재료

아교는 동물의 가죽이나 뼈를 고아 굳힌 황갈색의 접착제로 접착성이 좋아 주로 나무나 자개를 붙일 때 사용했다. 어교는 부레풀이라고도 하는데 물고기의 공기주머니인 부레를 끓여 만든 것으로 접착력이 강하여 아교와 함께 나무를 붙이는데 사용했다.

서유구의『금화경독기』에는 '표교鰾膠'라 하여 부레풀에 대해 다음

---

99 박영규,『한국 미의 재발견 - 목칠공예』, 솔출판사, 2005, p.68.

과 같이 설명하고 있다.

> '표'는 곧 물고기의 흰 부레이다. 혹(부레)을 달여서 아교를 만드는데 물건에 달라붙으면 매우 단단해진다. 『본초강목』에 따르면, 모든 물고기 부레는 모두 아교로 만들 수 있는데, 신華 지역 사람들은 조기[石首魚]의 부레를 많이 사용했고, 우리나라 사람들은 외어 鮠魚(메기) 부레를 많이 사용했다. 그 방법은 부레를 잘라서 장군(독)에 넣은 뒤 물을 붓고 진하게 달인다. 대꼬챙이를 그 즙에 담갔다가 나무 위에 칠한다. 반드시 고석滑石(곱돌)을 이용하여 제조한다.[100]

어교를 달일 때 도가니는 곱돌로 만든 것을 사용하는데, 이는 곱돌의 특성 때문이다. 곱돌은 한번 달궈지면 쉽게 식지 않아 어교가 응고되거나 바닥에 눌어붙지 않기 때문이다.[101] 아교와 어교는 습한 환경에서는 건조가 어렵고 부패하기 쉬우므로 여름철은 피하고 주로 가을에서 봄철까지 작업에 이용했다.

---

100 『金華耕讀記』, "鰾卽魚之白胖也. 煎鰲爲膠, 黏物甚固. 據本草, 諸魚鰾皆可爲膠, 而華人多用石首魚鰾, 東人多用鮠魚鰾. 其法, 取鰾剉入罐, 注水濃煎, 以竹籤蘸其汁, 塗木上. 必用膏石造."
101 정동찬 외, 『전통과학기술 조사연구(IV) – 조개가루, 술, 부레풀, 도박풀, 아교』, 국립중앙과학관, 1996, p.102.

2. 규구(規矩)

규구는 '목수가 쓰는 그림쇠, 자, 수준기, 먹줄을 통틀어 이르는 말'인 규구준승規矩準繩을 줄여 부르는 말이다. 장인이 목물을 제작함에 있어서 목공 도구만큼 손에서 놓지 않는 도구이다.

목물의 제작에서 치수는 수요자와 제작자 간의 소통을 위한 규칙과 같은 역할을 했다. 치수는 시대마다 도량형의 변화에 연동하여 적용되었으며, 기물의 제작에 적용된 치수는 장인들 스스로의 경험칙으로 각기의 방식에 따라 오늘에 전승하고 있다. 장인들은 기본적으로 치수가 동일해야 하는 '자'를 제외하고는 자신에게 맞는 여러 규구를 제작하여 사용하여 왔다.

1) 자(尺)

영조척營造尺은 전통 건축물 제작의 표준 척도로 오늘날 미터법 기준으로 대략 30cm에 해당하며, 예기禮器를 만드는 조례기척造禮器尺보다는 약간 길고 포목을 재단하는 포백척보다는 약간 짧았다. 영조척은 세종 12연 주척周尺을 기준으로 하여 교정되었고, 세종 28년에는 새로 만든 영조척 40개를 전국에 나누어 주기도 했다. 중종 17년에는 새로 만든 영조척 40개를 전국에 나눠 주기도 했다. 중종 17년에는 관상감觀象監에, 평시서平市署의 영조척 척수와 『국조오례의國朝五禮儀』에 그려진 영조척의 길이를 비교하여 말, 되를 제작했고, 숙종 20년에는 호조戶曹, 공조工曹로 하여금 주척, 포백척布帛尺과 함께 영조척을 구리나 돌

로 제작하여 잡척雜尺의 사용을 금하기도 했다.[102]

곡자曲尺는 '곱자'라고도 하며 'ㄱ'자 모양으로 되어 있어서 'ㄱ'자라고도 한다. 눈금이 표시되어 있는 것과 없는 것이 있는데, 눈금이 없는 것은 가늠자라고 하여 간단하게 직각을 보는 용도로 사용하며 구矩라고 부른다. 눈금이 있는 것은 보통 긴 쪽의 길이를 한 자尺에서 한 자 반 정도의 길이로 만든다. 조선시대에는 나무로 만든 것을 흔히 사용했으나, 일제강점기에는 쇠로 만든 것을 많이 사용했다.[103]

정자자丁字尺는 정척丁尺, 미례자 등으로도 부른다. 이름 그대로 '丁'자 모양으로 생겨서 붙은 이름이다. 직각을 재거나 먹매김을 할 때 사용한다. 세로 부분은 눈금이 없어 기준면을 지지하는 역할을 하고 가로 부분이 측정하는 부분이다.

동척童尺은 단척短尺이라고도 하는데 짧게 나무로 만든 자로서 세밀한 곳이나 정확성을 요할 때 사용하는 자이다. 간편하게 들고 다닐 수 있어 어디서든지 쉽게 사용할 수 있으며 크기는 대개 5치 이내로 만들고, 치수를 새겨둔다. 치수를 새기지 않은 것도 있으나, 이런 것은 직각을 측정하는데 주로 사용한다.[104]

흘럭자는 자 두 개를 고정하지 않고 이어 놓은 것으로 자유로운 각도를 측정하거나 그릴 수 있도록 만든 것이다.

연귀자는 목부재를 일정한 각도로 맞추는 연귀짜임을 위해 고안된 자로 30°, 45°, 60° 등의 각도가 일반적이며, 경우에 따라서 필요한 각도대로 제작하여 사용하기도 한다. 경우에 따라서 장인이 자주 쓰는

---

102 김희수, 김삼기, 앞의 책, 2004, p.604.
103 이왕기 외, 앞의 연구보고서, 2005, p.57.
104 이왕기 외, 앞의 연구보고서, 2005, p.59.

치수의 자는 고정해서 별도로 만들어 쓰기도 한다.

2) 먹통과 그므개

① 먹통(墨筒)과 먹칼

먹통은 장인이 자재를 가공하기 위하여 선을 긋는데 사용하는 필수적인 연장으로 '먹줄통' 혹은 '묵두墨斗'라고도 부른다. 먹줄의 원리는 서로 다른 두 점을 잇는 직선은 하나뿐이라는 수학적 명제와 상통한다. 고대 중국에서 노끈에 붉은 흙을 묻혀 사용했다 하며 고대 이집트에서도 기원전 1450년경으로 추정되는 분묘에서 출토된 돌에 이미 먹줄을 사용한 흔적을 찾아볼 수 있다. 우리나라에서는 백제 무왕 때 제작해 넣은 사리봉안기가 발견되어 익산미륵사지석탑 서탑西塔 심초석心礎石에서 '十'자형의 먹줄이 확인되었다.

손에 쥐어질만한 장방형의 통재에 두 개의 구멍을 파서 한쪽에는 먹물에 적신 솜을 넣고 다른 한쪽에는 먹줄을 감은 타래(고패)를 설치하여 그 줄이 먹솜그릇을 통해서 풀려 나오도록 되어 있으며 줄의 끝에는 작은 송곳을 달았다.

먹칼은 한 쪽 끝을 얇고 납작하게 깎은 대나무가지로 먹을 찍어 목재나 석재에 표시를 하거나 글씨를 쓰는 데 사용했다. 우리 전통의 먹통 바닥에는 홈이 있어 이곳에 먹칼을 끼워 보관하도록 했는데 이 먹칼꽂이 홈은 중국이나 일본의 먹통에는 나타나지 않는 특이한 구조이다.[105]

---

[105] 김희수, 김삼기, 앞의 책, 2004, p.606.

② 촌목

먹줄을 띄우지 않고 변에 나란하게 나가는 평행선을 그릴 때 쓰는 'ㄱ'자 모양의 촌목을 썼다. 'ㄱ'자 모양의 한쪽 변에 대고 먹칼로 긋는 방식이다. 주로 장부촉이나 장부구멍을 낼 때 썼다.[106] 이후 근대기에 일본을 통해 그므개罫引き가 들어왔다. 그므개는 정사각형이나 사다리꼴의 나무 가운데를 네모지게 뚫고 그곳에 나무 막대기를 끼운 형태로 나무 막대에 금을 긋고자 하는 수만큼 못이 나와 있다. 쐐기를 사용하여 나무를 원하는 치수만큼 조절하여 고정시킨 후 모서리를 따라 나무에 금을 그어 정확하게 같은 규격을 여러 개 재단해 낼 수 있다. 장인에 따라서 자주 쓰는 치수의 그므개는 고정해서 별도로 두고 사용하기도 했다. 못 대신 칼날을 박아 넣어 얇은 나무판을 앞뒤로 그어 판자를 쪼갤 수 있는 쪼개기그므개도 있다.[107]

---

[106] 배희한, 이상룡, 앞의 책, 1981, p.64.
[107] 김희수, 김삼기, 앞의 책, 2004, p.605.

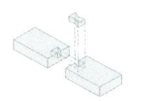
4장
결구와 짜임

1. 결구의 기원과 발달

목재의 결구는 가구에서 가장 근본이 되는 뼈대를 구성하게 되며, 어느 부분에 어떤 짜임을 적용하느냐에 따라 가구의 품질과 수명이 결정된다. 조선가구는 용도와 사용처에 따라 재료 및 결구를 적절히 선택해 왔다. 가구에 가해지는 힘은 쓸모와 부위에 따라 달라지는데, 조선가구는 높은 기량을 지닌 능숙한 장인의 반복된 경험에 의해 가구의 구조와 조형적 측면이 함께 고려된 품격 높은 결구방법을 구축하여 오늘에 전하고 있다.

결구는 부재끼리 맞춤과 이음을 이용하여 구조체를 보다 강하고 오래 갈 수 있도록 튼튼하게 만드는 것을 일컫는다. 선사시대 집이나 도구를 만들기 위해 나뭇가지나 끈을 이용하여 재료를 잇고 끼우는 단순한 방법이 결구의 시작이라 할 수 있다. 간단하던 결구 방법은 연장과 조형의식의 진보에 따라 점차 강하고 안전하게 구조화되었다.

현재까지 발견된 사료 중 결구법에 관련한 가장 오래된 문헌은

1103년 중국의 이계가 편수한 『영조법식』이다. 이 책에는 건축물의 비례 체계와 결구법 및 치목 기법 등이 그림과 함께 상세하게 기록되어 있다. 가구의 결구법에 대한 구체적인 문헌 기록은 현재까지 발견되지 않았으나 가구의 결구를 보면 결국 목조 건축과 그 원리가 같음을 알 수 있다. 목조 건축이 수백 년의 세월을 견디며 그 형태와 구조를 지켜내는 것은 외형 속에 숨겨진 견실한 결구와 짜임이 있기 때문이다. 가구 역시 의장에 앞서 구조적 견실성을 확보하는 일이 가장 중요하다. 사람이 사용하는 가구는 무엇보다 안전을 담보해야 하며 물건을 채우거나 올리는 등의 기능을 충실히 수행해야 하기 때문이다. 따라서 건축의 결구법과 가구의 결구법은 깊은 상관관계가 있다. 실제로 목조건축의 결구법과 가구의 결구법은 그 방법과 방식이 매우 유사하다. 또한 조선시대 소목장과 대목장은 목조 건물을 건축하는 과정을 함께 진행했다. 대목장은 건물의 뼈대와 외형을 만들고, 소목장은 창이나 문 등 건물의 내형을 제작했는데, 소목장과 대목장은 하나의 건축물을 함께 제작하며 기술을 교류하는 등 서로 영향을 주고받았을 것으로 보인다. 현재까지 전해지고 있는 우리나라의 결구법은 장인에 의해 구전된 것이 대부분이다. 입과 손으로 전해지던 결구법은 1970년대 이후 무형문화재를 선정하는 과정에서 기록되기 시작했으며 이후 학자들에 의해 체계화되어 지금에 이르고 있다.

우리나라는 한서의 차이가 심한 기후적 특성을 가지고 있다. 여름과 겨울의 온도차가 심하면 나무의 목리가 매우 뚜렷하게 되는데, 목리가 뚜렷한 나무는 나무 본연의 아름다운 무늬를 갖는 가구의 재료로 사용할 수 있는 장점이 있다. 그러나 동시에 기후에 따라 수축과 팽창이 심하므로 가구의 재료로 사용했을 때 휘거나 터지기 쉽다. 결구는 이러한 한반도의 기후적 특성 속에서 보다 견실한 가구를 제작하기 위한 복안으로, 수세기에 걸쳐 장인들의 경험을 축적하여 이뤄진 성과라 할 수 있다. 일례로 판재板材로 구성된 조선시대 장과 농의 전면前面은 쇠목이나 동재 등의 골재로 분할하여 머름칸이나 쥐벽칸, 복판 등 좁은 면들로 분할하여 구성한 것을 볼 수 있다. 면을 분할한 제작 기법은 나무가 기온에 따라 수축과 팽창하는 결점을 막을 뿐 아니라, 가구의 하중을 줄이는 역할을 동시에 수행한다.

각재와 판재, 즉 선과 면으로 구성되는 조선시대 가구는 내적으로는 견고하고 외적으로는 간결한 결구가 뒷받침되어야 한다. 특히 쇠못을 사용하지 않고 불가피한 경우에만 접착제와 대나무못을 사용하는 조선시대 가구에서 결구는 매우 중요한 요소라 할 수 있다. 따라서 조선시대 가구의 결구는 눈에 보이지 않는 부분에 이르기까지 매우 치밀한 계산과 설계에 의해 이루어져 있으며, 그 기법도 매우 치밀하다. 결구는 간결하면서도 단순한 선과 면의 분할로 이루어진 조선가구에는 필수적인 요소로, 용도와 재질, 가구의 구조와 역학은 물론 심미적 요소까지 감안한 격조 높은 기법으로 발전했다.

2. 결구법의 분류

조선가구는 안방, 사랑방, 부엌 등 공간의 용도와 형태에 맞게 제작되었다. 결구법 역시 각 공간에서 사용될 가구의 특성을 고려하여 발달되었다. 가구의 제작 과정에 나타나는 결구 방법은 크게 부재의 이음

과 짜임, 그리고 붙임으로 대별할 수 있다.[108]

이음이란 부재를 길이 방향으로 이어가는 방법으로 주柱와 판板으로 사용하는 목재가 부족한 경우, 목재끼리 이어서 넓게 혹은 길게 사용할 수 있도록 한 접합 구조를 말한다.

짜임이란 두 부재 이상이 서로 직교하거나 경사지게 짜일 때 맞춰지는 자리나 방법을 말한다. 짜임에는 끼움기법과 맞춤기법이 있으며, 끼움기법은 수직재垂直材에 수평재水平材나 사경재斜傾材 또는 수평재에 수직재나 사경재를 끼울 때, 모재母材의 옆면에 다른 재의 장부 또는 촉 등의 내민 끝을 끼워 고정하는 방법이다. 맞춤기법은 연결되는 부재의 단부나 중간 부분에서 서로 직각되거나 경사지게 맞춰지는 방법을 말한다.

붙임은 합판과 같이 넓은 면적의 목재가 필요할 때 사용되는 결구법으로 작은 폭의 부재를 여러 개 연결시킬 때 사용한다. 부재의 측면을 맞붙여 넓게 하는 방법으로 넓은 의미에서 이음법이라 볼 수 있지만 이음이 선의 연장이라면, 붙임은 면의 확대라 할 수 있다. 붙임은 주로 가구보다는 목조건물에서 많이 사용된다.

가구의 결구법은 주로 이음과 짜임 기법을 사용하는데, 앞서 이야기 한 바와 같이 이 기법들은 한국 목조 건축에 사용되는 결구법으로 여러 종류의 기법 가운데 일부만이 가구 제작에 이용되었다.[109] 조선가구의 전통짜임에는 장부짜임, 맞장부짜임, 연귀짜임, 턱짜임, 사개짜

---

108 이용기, 「목조건축물과 목가구의 결구방법에 관한 연구」, 동아대학교 대학원 석사학위논문, 1995. p.5.
109 김삼대자, 「한국의 전통목가구」 Ⅳ, 『고미술』 Vol.30, 한국고미술협회, 1991, p.42.

임, 맞짜임, 주먹장끼움, 턱짜임, 혀물림짜임이 있다.[110] 이러한 짜임 기법은 가구의 용도와 기능에 따라 각 부분에 적재적소에 배치되어 목재를 연결함은 물론 외형의 아름다움을 돕는 구실도 함께 수행한다.

표 3. 결구법의 갈래

구분		분류	세부 기법 예
결구	이음	결구가 형성되어지는 방향에 의한 분류	수평이음, 수직이음
		결구가 형성되어지는 위치에 의한 분류	주심이음, 공간이음 등
		결구방법에 의한 분류	평이음, 빗이음, 턱이음(반턱/ 빗턱/ 엇턱)
		타부재의 보강에 의한 이음 분류	쐐기, 산지, 촉 등을 이용
	짜임	끼움	통기움, 턱끼움, 장부끼움 등
		맞춤	턱짜임, 사개짜임, 연귀짜임 등
	붙임	결구부분의 형태에 의한 붙임 분류	맞댄붙임, 빗붙임, 오늬붙임 등
		혀에 의한 붙임 분류	제혀붙임, 딴혀붙임 등
		타 부재의 보강에 의한 붙임 분류	은장붙임, 띠장붙임 등

3. 조선가구의 구조와 대표적 짜임 기술

조선가구의 구조는 크게 상판부, 중심수납부, 하부로 이루어져 있다. 각 부를 어떠한 결구법으로 구성했는지에 따라 외형의 차이가 나타난다.

가구의 구조를 좀 더 상세히 살펴보면, 상판부는 가구의 가장 윗부분에 해당하는 곳으로 천판과 몸통을 이루는 측널이나 몸통의 뼈대가

---

110 노기욱, 「조선시대 생활 목가구 연구」, 전남대학교 대학원 박사학위논문, 2011. p.60.

되는 기둥을 연결하는 부분이다. 중심수납부는 물건을 수납할 수 있는 공간을 이루는 부분으로 몸통의 뼈대가 되는 기둥 혹은 측널과 전면을 이루는 쇠목, 동자, 문판, 바닥을 이루는 밑널, 뒷면의 뒷널이 연결되는 부분을 말한다. 하부는 기둥과 다리, 족대, 마대 등 가구의 하층부를 이른다.

장의 경우, 상판부는 기능에 따라 결합 방식이 천판과 기둥의 결합, 천판과 측널의 결합이라는 두 가지 방식으로 분류할 수 있다. 장의 기능에 따라 각 부재의 두께 차이를 두어 제작한다. 옷장과 의걸이장의 상판부는 주로 천판과 기둥을 결합하고, 머릿장과 책장은

도 7. 목가구의 구조(〈이층 옷장〉, 조선시대, 109.5×49.5×138.5(㎝), 국립민속박물관 소장)

주로 천판과 측널을 결합하는 구조를 사용한다. 중심수납부의 경우, 앞면은 쇠목과 동자, 기둥의 결합으로 장식성과 함께 하중을 분산시키는 구조를 사용하거나 문판을 따로 제작하여 결합하는 구조를 사용한다. 문판의 경우, 문의 뒤틀림을 방지하기 위해 통판을 쓰지 않고, 문변자[111]와 알판으로 결합한다.[112] 조선가구는 측면과 뒷면엔 특별한 장식을 하지 않는 것이 특징이므로 특별한 요소 없이 기둥과 널, 측널과 뒷널, 측널과 밑널 등을 결합하는 구조를 사용한다. 하부 역시 장에 따라 장식성과 기능에 필요한 역학을 고려하여 족대나 마대를 사용한다.

---

[111] 장이나 문갑 따위의 문짝 좌우 상하에 댄 테두리 나무(국립국어원 표준국어대사전.)
[112] 김희수, 김삼기, 『민속유물의 이해Ⅰ- 목가구』, 국립민속박물관, 2003, p.11.

도8. 기둥형 농과 판형 농(국립민속박물관 소장)

농은 상판부의 결합 구조에 따라 기둥형 농과 판형 농으로 구분된다. 기둥형 농은 천판과 기둥의 결합으로 이루어졌으며, 판형 농은 천판과 측널의 결합으로 이루어져 있다. 기둥형 농은 천판이 몸통의 폭보다 크게 제작되어 좌우로 돌출되는 특징을 갖으며, 두 종류의 농 모두 각층이 분리된다.[113] 그 외 중심수납부와 하부는 장의 구조와 비슷하다.

반닫이는 기둥재를 사용하지 않고 상판부, 중심수납부 모두 판재와 판재의 결합으로 이루어진 구조를 가지고 있다. 다만 하부의 구조에서 마대가 있는 것과 족대가 있는 것, 마대와 족대 모두가 없이 일체형으로 된 것, 이렇게 세 가지 구조 형식이 있다.

이렇듯 조선가구는 각 부를 어떻게 결합하느냐에 따라 외형의 차이가 나타난다. 이 외형의 차이는 가구의 기능과 재료의 특성, 부재의 결합 방식에 따라 결정된다. 특히 부재의 결합 방식, 즉 결구와 짜임은 가구의 기능과 큰 상관관계가 있다. 결구와 짜임은 물건을 담거나 쌓았을 때 그 힘을 버티고, 일교차가 큰 한반도의 기후에서도 가구의 형태를 유

---

113 김희수, 김삼기, 앞의 책, 2003, p.188.

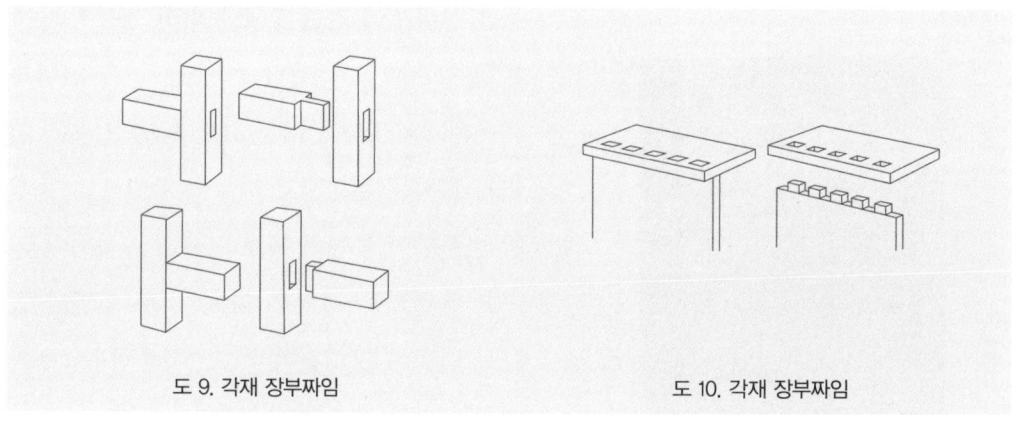

도 9. 각재 장부짜임   도 10. 각재 장부짜임

지하는 등 가구가 수행해야 하는 근본적인 기능을 고려한 것이기 때문이다.

가구의 제작은 지역, 제작 주체 등 여러 가지 변수가 있기 때문에 가구의 종류와 짜임 기술을 공식화하여 이러한 가구엔 이런 짜임을 썼다는 식으로 일반화하는 것은 다소 무리가 있다. 오히려 부재의 결합 형태를 기준으로 짜임 기술을 분류하고, 그 구체적인 기법을 살펴보는 것이 조선시대 목가구의 결구를 이해하는데 도움이 된다. 부재의 결합 형태로 결구를 분류하면 크게 세 가지로 분류가 가능하다. 그 첫 번째가 각재와 각재의 결합이고, 두 번째가 판재와 판재의 결합, 마지막이 각재와 판재의 결합이다. 장인은 이러한 결합 형태를 제작하고자 하는 목가구의 용도와 형태, 부재의 양과 상태에 따라 알맞게 배치하고, 각 부분에 적합한 짜임 기술을 사용하는 것이다.

여기서는 부재의 결합 형태를 기준으로 대표적으로 사용하는 짜임 기술을 살펴보기로 하자.

장부짜임은 두 부재가 맞물릴 때 장부와 장부가 끼워질 홈을 가지고 결합되는 구조이다. 주로 각재와 각재에서 가장 많이 쓰이는 짜임

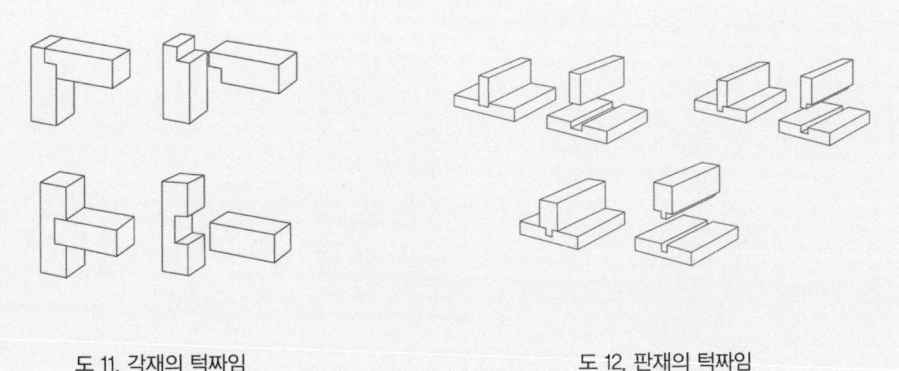

도 11. 각재의 턱짜임   도 12. 판재의 턱짜임

이지만, 판재와 판재, 각재와 판재의 짜임에서도 각재에서의 방법을 응용하여 다양하게 사용한다.

장부짜임은 부재의 한쪽에 장부를 만들고 다른 부재에 장부 구멍을 뚫어서 끼워 넣는 짜임으로 판재나 각재의 마구리가 보여도 관계없을 경우에 사용되며 건축물이나 가구 제작 등에서 비교적 강도를 필요로 하는 구조에 많이 쓰이는 짜임이다.[114]

부엌가구나 찬탁 등 하중을 견디고 지탱해야 하는 가구에 사용하기 적합한 결구 방법이다.

턱짜임은 부재와 부재의 접합부에 각 부재 두께의 절반을 따내어 맞춘 것으로 각재와 각재, 각재와 판재, 판재와 판재 모두에서 쓰이는 짜임이다. 특히 끼움방법으로 쓰이는 각재와 판재의 결합에서 많이 쓰이는데, 여기서 판재의 역할은 면을 분할하거나 면을 채우는 용도로 쓰인다. 재의 안쪽 면끼리 반턱으로 교차하거나, 재의 끝부분끼리 교

---

114 신랑호, 김정호, 「목재의 맞춤 기법에 관한 연구」, 『논문집』 Vol.31, 강원대학교, 1998, p.581.

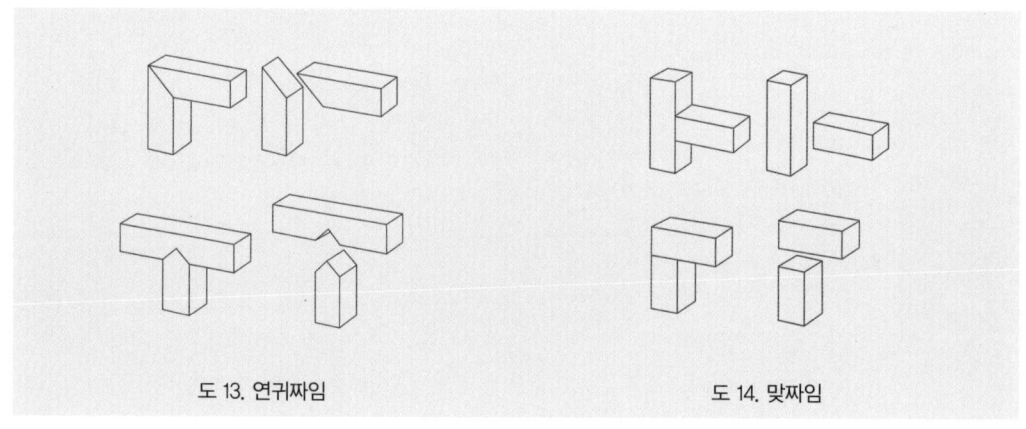

도 13. 연귀짜임 도 14. 맞짜임

차하는 방법으로 많이 사용된다. 턱을 내는 방법으로 끼움방법과 짜임방법이 있다.

연귀짜임은 전통가구에서 가장 많이 사용되었던 방법으로 모서리 부분에 많이 사용하는 짜임이다. 문골, 문짝, 창틀, 천장틀, 가구의 천판, 기둥 등에서 주로 사용하는 것으로 직각이나 경사로 교차되는 나무의 마구리가 보이지 않게 45°와 맞닿는 경사각의 반으로 빗 잘라대는 짜임기법이다. 연귀짜임은 모서리 부분에 각을 주어 미적인 효과를 내는 짜임으로 그 종류가 다양하고 겉에서 보이는 모양은 같아서 속에서 이루어진 구조의 형태는 다른 종류가 많다. 미적으로 아름다운 반면 마구리에 가까운 면들이기 때문에 맞춤 자체는 약하다 할 수 있다.[115]

맞짜임은 면과 면이 장부나 턱 없이 맞붙여 이루어지는 짜임으로 각재와 각재, 판재와 판재에 쓰이며 주로 재와 재의 끝에 위치한다. 맞

---

115 신랑호, 김정호, 앞의 논문, 1998, p.5.

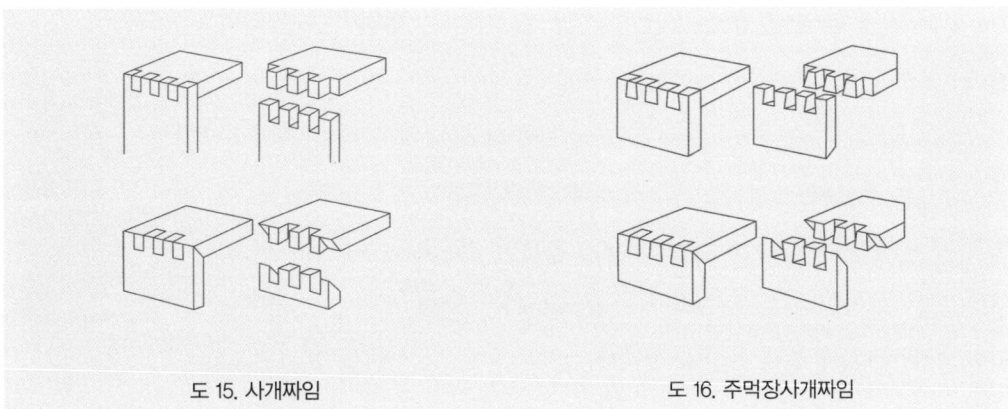

도 15. 사개짜임　　　　　　　도 16. 주먹장사개짜임

   짜임은 기본적으로 특별한 가공이 없이 직각 모서리끼리 접합하고 나무못을 이용하여 내구성을 높인다.

   사개짜임이란 2매, 3매, 5매 등 강도의 필요에 따라 장부를 만들어 강도를 필요로 하는 장자, 통짜기, 서랍의 앞널과 옆널의 맞춤으로 사용되며 사개의 개수는 부재의 두께를 고려해서 정하게 된다.[116]

   주먹장사개짜임은 판재짜임 기법 중 하나로 사개짜임의 변형된 맞춤기법이라 할 수 있다. 판재짜임은 판재와 판재가 만나 이루어지는 형태의 구조로 겉으로 보이게 하는 형태와 속으로 숨겨 제작하는 방법이 있다. 주먹장사개짜임은 사개짜임과 비슷하나, 사개짜임이 각도가 주어지지 않는 반면, 주먹장사개짜임은 각도가 있어 한쪽에서는 빠지게 되어 있지만 다른 쪽에서는 절대 빠지지 않도록 되어 있는 짜임 방법이다.[117]

---

[116] 신랑호, 김정호, 앞의 논문, 1998, p.5.
[117] 위의 논문, 1998, p.5.

4장. 결구와 짜임

이러한 사개짜임은 짜임 기법 중에서도 가장 튼튼하여 반닫이나 궤 등 상자류에서 많이 사용한다.

조선가구의 각 부 구성 방식은 결국 부재의 형태에 따라 각재와 각재의 결합, 판재와 판재의 결합, 각재와 판재의 결합으로 구분된다. 이러한 부재의 형태에 따른 결합 방식을 통틀어 결구라 하며, 가구의 각 부를 잇는 짜임 기술은 가구의 기능과 나무라는 재료 특성을 고려하여 사용한다. 같은 종류에 속하는 가구여도 쓰임에 따라, 재료 구성에 따라, 혹은 미적 요소에 따라 상판부를 천판과 측널로 구성하여 판재와 판재로 짤 수도 있고, 천판과 기둥으로 구성하여 판재와 각재로 짤 수도 있는 것이다. 결국 짜임은 가구를 제작하는 장인이 가구 제작에 사용될 목재의 종류와 상태, 가구의 용도, 사용자의 요구 등을 고려해 각 부에 어떠한 짜임 기술을 사용할 것인지 설계하고 판단하여 가구를 제작하는 것이다.

목재의 결구는 가구 구성에 있어서 가장 중요한 동시에 구조의 가장 기본적인 역할을 수행한다. 조선가구의 짜임 기법은 각재와 판재의 결합을 통해 선과 면이 주는 시각적 효과를 충분히 고려했을 뿐 아니라 가구의 쓰임과 재료의 성질, 그리고 각 부분에 주어지는 힘에 대한 구조 역학까지 고려한 격조 높은 기법이라 할 수 있다. 조선시대 안방, 사랑방, 주방 등에 사용된 모든 가구는 내적인 견고성과 선과 면 분할의 미적 요소를 강조한 결구와 짜임 기술에 의해 이루어져 있다. 이는 조선가구의 결구와 짜임이 내적인 기능성과 외적인 아름다움을 두루 갖춘 입체적 기술의 정화였음을 말해준다고 하겠다.

5장
조선가구의 구조 특성

모든 공예품은 시대의 아름다움을 간직하고 있다. 공예품은 철저하게 제작 당시의 미의식을 반영하므로 이는 매우 자연스러운 일이다. 따라서 한 시대를 잘 반영하는 대표적 공예품을 한 가지만 선정하는 것은 쉽지 않지만, 시대적 아이콘으로 인식되는 공예품들은 분명히 존재한다. 조선가구는 현재 우리에게 조선시대를 대표하는 공예품으로 꼽힌다. 다만 조선가구는 그것을 애호하고 사용하고자 하는 계층이 그것이 제작된 시대에만 한정되지 않기에 시대를 초월한 보편적 미감을 지닌다고 할 수 있다.

조선가구가 현대에 이르러 조선의 문화 수준과 미의식을 가늠케 하는 전통의 수작秀作으로 칭송받고, 시대를 초월하여 오늘날에도 사용되고 소비된다는 것은 그 의의가 매우 크다. 전통을 길어 새로움을 이루는 일은 여러 문화공동체의 오래된 관습이며, 동아시아에서는 일찍이 하상주의 고동기를 모방하여 공예품을 제작하는 '방고倣古'의 풍습이 있어 왔다. 이는 동아시아 공예의 발전을 견인하고 이후 사대부들 사이에서 고동기 취미를 유행하게 하기도 했다. 만약 조선가구에 대한 넘치는 애정과 관심을 방고 취미에 견주기 어렵다고 하더라도,

한반도의 역사에 남아 있는 근대의 상흔으로서 한국인의 전통에 대한 끊임없는 갈증, 우리 문화의 뿌리에 대한 향수를 설명할 수 있을 것이다.

오늘날 조선가구에 대한 관심은 '사용을 위한 소비'라는 사용자의 관점에 좀 더 가까운 것으로 보인다. 하지만 이를 향한 시선 한편에는 소위 '명품'으로 인정받는 다른 많은 공예품들과 마찬가지로 그것을 '완상의 대상'으로 생각하는 인식이 녹아들어 있다. 공예품을 '사용하기 위한 것'이라기보다 감상을 위한 예술품, 또는 완상물로서 인지하는 경향이다. 이러한 관점에 의한 관심의 시선들은 안타깝게도 단지 표면적인 조형을 감상하는 데에만 머무르는 경우가 적지 않다. 추측하건대 그 까닭은 미니멀리즘과 같은 현대의 미학 추구 성향을 가진 감상자의 시각에서 조선가구가 아름답다고 여겨지기 때문일 것이다. 그러나 조선가구의 성취를 되돌아보고 평가하고자 할 때 무엇보다도 과연 그것의 출발이 어떠했는가를 살펴보는 일을 빼놓을 수 없다. 우리는 지금까지 조명되어 왔던 조선가구의 비례와 조형 등의 겉모습 이면에 다른 어떤 가치가 숨어 있는지 재고해 볼 필요가 있다. '내면적 가치'라 함은 무형적 가치를 일컫는 것이다. 공예사·미술사적 시각에서 바라볼 때, 조선가구의 검소하며 절제된 조형에는 시대상을 반추하도록 하는 사료적 가치가 있다. 조선가구를 통해 조선의 사상과 문화, 생활상 등을 유추할 수 있기 때문이다.

조선가구에는 가구를 제작한 소목장이 숱하게 고민했을 '쓰임'에 대한 공예의 근본적인 물음이 자리하고 있다. 다시 말해, 조선가구의 조형에 깃든 시대를 초월하는 아름다움, 그 미적 가치의 근원에 조선가구, 공예의 본래 덕목인 쓰임이 존재한다는 것이다. 일찍이 미술사학자 이종석은 조선가구의 세련된 아름다움은 그것이 생활 속에 깊게 자리하여 오랜 시간 사용되면서 다듬어진 결과라고 말했다.[118] 여기서 지적하는 바와 같이, 가구의 조형은 경험과 시간이 누적되어 만들어진 것이며, 이는 공예로서의 본질인 '쓰임'에 대한 고려가 당대 미적 가치 형성에 필연적으로 작용했음을 말해주는 것이다. 이 점에 비추어 본다면 조선가구가 현대에도 소비되는 현상은 특이할 것이 없다. 시공간을 넘어서는 조선가구의 고전적 아름다움이 여전히 작동되기 때문이다. 따라서 이 현상은 시대의 미감이라는 제약에 굴하지 않고, 조선가구가 그것이 제작된 조선시대를 상징하는 공예품으로서 뿐만 아니라 현대의 많은 사람들의 보편적 미감에 울림을 주고 있음을 짐작하게 한다.

조선가구의 조형은 '고전적인 아름다움'을 지닌 것으로 평가되고는 한다. '고전적인 아름다움'은 조선가구의 조형을 묘사하는 여러 표현 중에서도 그것의 범시대적 위상을 가장 적절히 드러내고 있다. 조선가구의 조형이 일상의 모습을 거듭 투사시킨, 우리의 행동 양식의 궤적에 의해 빚어진 결과라고 한다면, 우리의 눈 또한 조형의 기저에 있는 쓰임과 당대 생활주체의 삶 전체를 입체적으로 바라볼 때 비로소 가구의 진면목을 파악할 수 있을 것이다.

118　이종석, 『韓國의 木工藝』上, 열화당, 1986, pp.63-64.

1. 쓰임에 따른 구조

조선가구는 쓰임에 따라 그 구조적 성격이 달라진다고 할 수 있다. 가구의 용도는 상이나 탁자류를 제외하면 대부분 수납을 위한 것이다. 수납을 위한 최소의 조건은 상자의 형태로, 반닫이와 같은 궤를 들 수 있다. 기본적인 1층의 상자 형태에서 더 나아간 형태는 농과 장으로, 기본 골격은 크게 머리, 즉 지붕이 되는 '천판'과 '몸통', 그리고 '다리'로 나누어진다. 궤 종류는 여닫을 수 있는 기능을 가진 뚜껑이 천판 또는 몸통 벽체의 역할을 한다. 탁자 종류는 천판의 기능적 면모가 강화되고 수납의 필요가 사라짐에 따라 몸통의 구조가 생략된 것이라고 볼 수 있을 것이다.

한편 구조를 유지하기 위한 가장 기본적인 구성 요소는 기둥과 쇠목이다. '기둥'이 천판부터 다리까지 가구의 형태를 하나로 잡아주는 틀의 역할을 한다면, 기둥과 널이 만나 만들어지는 공간을 가로로 가로지르며 실질적인 층을 나누는 것이 '쇠목'이다. 이와 함께 농과 장의 제작에 중요한 요건은 전면부에 달린 문이다. 몸체를 층 단위로 나누어 볼 때 중앙에 문이 배치된다. 나머지 여백은 문을 둘러싼 문변자, 문판의 상하에 배열되는 머름칸, 좌우에 위치하는 쥐벽칸으로 메워진다.[119] 이것은 문의 기능과 목가구의 구조 유지를 함께 고려한 결과로, 동자와 알갱이가 생긴 이유를 자연스럽게 유추할 수 있다. 이러한 연

119　배만실, 「朝鮮後期 木工家具의 一硏究」, 이화여자대학교 대학원 박사학위논문, 1975, pp.169-171.

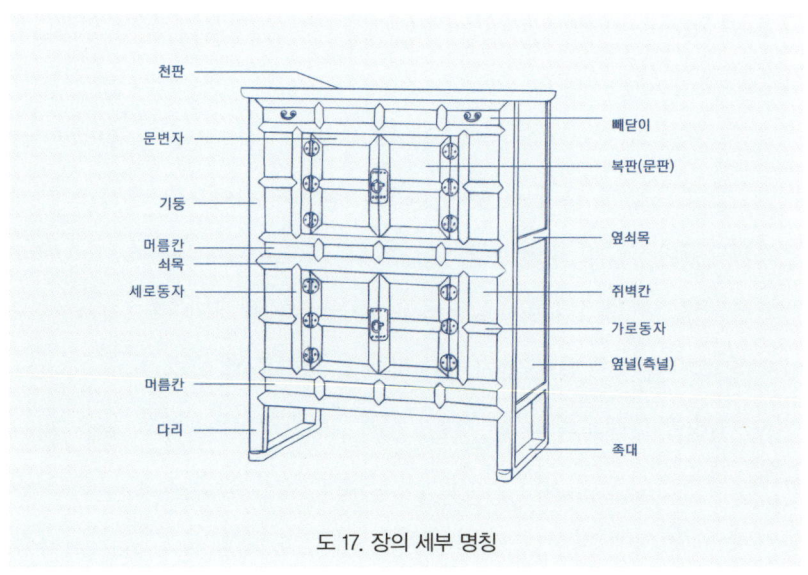

도 17. 장의 세부 명칭

유로 장에 대한 미적 분석은 대개 면의 구성과 비례에 집중되는 경향이 있다.[120]

가구의 종류 중 상당수를 차지하는 수납 가구에는 가장 기본적인 형태로서 반닫이류를 총칭하는 궤, 함, 그리고 이보다 진전된 형태로 수납 가구를 대표하는 장롱欌籠이 있다. 이외에 문갑, 각게수리처럼 특정한 용도의 목가구가 있다. 특히, 오늘날 장과 농을 함께 아울러 말하는 '장롱'은 한국 가구를 대표하는 격의 가구이다. 이처럼 장롱이 세간을 일컫는 일반명사로 쓰이는 것으로써 장과 농이 일상에서 차지하게 된 특별한 지위를 가늠할 수 있다.[121]

---

120 위의 논문, p.11.
121 국립국어원 표준어대사전

얼핏 보기에 비슷해 보이는 농과 장은 각 층의 몸체가 분리되는지 여부에 따라 구분된다.[122]

농은 문판을 기준으로 삼아 나누어진 층의 단위가 서로 떨어져 있지만, 장은 내부에 층의 구분이 있다고 하더라도 외부는 하나의 몸체로 되어 있다. 다시 말해 농은 궤 모양을 한 단위 구조물을 2개, 3개 겹쳐 올려놓은 구조라면, 장은 마찬가지로 여러 개의 층으로 나뉘어 있으나 실질적인 구조의 지지체는 하나로 통일되어 있다.

여기서 주목해보아야 할 것은 '장'의 복합성이다. 장과 농을 비교할 때, 일반적인 농의 용도가 대체로 획일화되어 옷을 개어 넣고 보관하기 위한 것임에 비하여, 장의 종류는 매우 다양하여 옷장, 의걸이장, 책장, 찬장, 머릿장, 문갑장 등 용도에 따라 갈래가 나뉘어 있다. 이처럼 조선가구 중에 유독 장만이 용도에 따른 세부적 분류가 가능했다는 것은 장이 후대에 가장 많이 쓰였던 가구의 종류로서 사람들의 삶에 더욱 밀접했음을 추측하게 한다. 덧붙이자면 목가구의 '장'을 일컫는 한자 '장欌'은 우리나라에서 만들어진 한자이다.[123] 그만큼 장이 일상생활에서 매우 긴밀하게, 더 잦은 빈도로 쓰였다는 추측의 신빙성을 더해준다.

한편 학계에서는 조선가구의 구조적 발전에 대한 연구로써 농과 장의 구조적 형태 유래를 각각 고리와 궤로부터 찾고 있다. 고리는 일명 '고리짝'으로 불리던, 싸리, 대나무 등을 엮어 만든 바구니를 일컫는 것이며 수납을 위한 공예품의 가장 초기적 형태를 보여준다. 한편,

---

122 김삼대자, 앞의 책, 2013, p.16.
123 김삼대자, 앞의 책, 2013, p.17.

도 18. 궤, 농, 장의 구조적 발전
(좌) 〈전라도 반닫이〉, 조선시대, 100×44×68cm, 국립민속박물관 소장
(중) 〈이층농〉, 조선시대, 84×39.4×120cm, 국립민속박물관 소장
(우) 〈이층찬장〉, 조선시대, 115×52×148.2cm, 국립민속박물관 소장

궤는 윗닫이와 반닫이를 통칭하며,[124] 모든 계층이 두루 사용했던 기본 수장 가구 중 하나이다. '고리와 농', 그리고 '궤와 장' 사이에 연관 관계가 있는 것으로 추정하는 이유는 다음과 같다. 먼저 농이 고리로부터 유래했다고 하는 것은 농의 한자를 근거로, 그 어원이 죽기, 즉 고리의 재질적 전통에서 시작되었음을 추측하기 때문이다. 즉 시렁 위에 고리를 겹쳐 올려 사용하다가 불편함을 없애기 위해 앞면에 문을 달게 되었고, 이것이 농의 발생으로 이어졌다는 것이다. 그리고 장이 궤로부터 유래했다는 것은 『역어유해』에 기록된 '수궤'가 장의 기원으로 지목되고 있기 때문이다.[125] 수납에 대한 다양한 수요에 따라 세우는 궤, 수궤가 단층장, 이층장, 삼층장으로 점차 발전했음을 유추한 것이다.

고리와 궤는 사용자의 신분에 구애받지 않고 사용되어, 가구를 사

---

[124] 김삼대자, 앞의 책, 2013, p.18.
[125] 김삼대자, 앞의 책, 2013, p.17.

용하기 어려웠던 민간에서도 많이 사용했던 수장가구이다.[126] 고리와 궤는 수납가구의 초기적 단계를 보여주는 좋은 사례이다.

    가구의 수납성이 커지는 것은 필요에 따른 자연스러운 발전이다. 최소의 면적을 차지하는 가운데 수납 양을 최대로 하여 효율을 추구하는 것은 가구 제작에 있어 중요한 목표 중 하나였을 것이다. 사방이 막혀 있는 장방형의 '궤'는 이른 시기에 실질적인 수납공간의 단위 구조를 이룬 목가구라 할 수 있다. 이후, 일정한 면적을 차지하는 하나의 기물 안에 최대한 많은 양의 물건을 수납할 수 있도록 복수의 단위구조체를 쌓는 농이 출현했고, 마지막으로 농과 마찬가지이나 그와 달리 하나의 구조체 안에 복수의 단위구조 공간을 만들어낸 장이 출현했으리라 추측할 수 있다. 이와 같이 '궤 – 농 – 장'의 순서로 목가구 사이의 발전 관계를 추정하는 것이 사회의 수요와 제작 기술의 발전에 따라 가구의 수납 규모가 확대되어 가는 양상을 더 자연스럽게 설명할 수 있으며, 이것은 결국 일정한 면적을 차지할 수밖에 없는 가구의 태생적 제약 조건을 극복하고 최대한 많은 양의 물건을 수납하고자 하는 사용자들의 요구를 충실히 반영한 공예의 발전 과정이라고도 할 수 있다.

    가구의 좋고 나쁨을 논하는 또 하나의 척도는 견고성을 담보로 한 수명, 얼마나 오래 쓸 수 있는가이다. 이러한 측면에서, 조선가구의 많은 예들 중에서도, 책장, 옷장, 찬장을 서로 비교해봄으로써 쓰임에 충실하게 제작된 조선가구의 본질을 파악할 수 있다. 책장, 옷장, 찬장은 각각 사랑방, 안방, 부엌이라는 공간을 대표하는 가구의 예이다. 이 중 찬장은 안에 무거운 그릇을 넣어야했기 때문에 특히 더 견고함이 필

---

[126] 이종석, 앞의 책, 1986, p.71.

도 19. 옷장, 책장, 찬장의 기둥 두께 비교
(좌) 〈이층옷장〉, 조선시대, 91.5×42×117.5cm, 국립민속박물관 소장
(중) 〈이층책장〉, 조선시대, 112×46.8×117cm, 국립민속박물관 소장
(우) 〈이층찬장〉, 조선시대, 115×52×148.2cm, 국립민속박물관 소장

요한 가구이다. 가구를 제작할 때 쓰임을 고려한 조선시대 장인의 배려는 이들의 기둥과 쇠목의 두께를 비교했을 때 드러나게 된다.

〈도 19〉는 각각 이층장과 삼층장의 기둥·쇠목 두께를 비교한 것이다.[127] 이것을 보면 기둥과 쇠목이 장의 형태를 갖추게 하는 기본 형식 요소일 때, 장을 만드는 데 있어 쇠목보다 기둥의 견고성이 더 중요한 것이었으리라 추측된다. 위의 수치에서 드러나듯이, 장의 형식과 종류에 구애받지 않고 기둥 두께가 쇠목 두께보다 더 두껍기 때문이다. 그리고 기둥과 쇠목의 두께 평균은 이층장의 경우, 옷장이 2.9cm,

---

[127] 수치 데이터를 이용한 비교에 있어 단순한 스케일 파악이 아닌 분석을 위한 자료로는 통상적으로 제공되는 가로, 세로, 높이의 수치보다 더 자세한 항목의 것들이 필요하다. 이를 위해서는 실측 도면이 제공된 유물로 분석 대상을 한정해야했다. 또한 수치의 평균값을 도출하는 데 있어서 층이 다르거나 지역적 형식이 다른 등 서로 다른 갈래의 찬장을 한 데 묶는 것은 무리이다. 따라서 평균값을 위한 표본의 수집은 층의 형식과 비율에 있어 유사한 형식을 갖춘 집단을 염두에 두고 유물을 선별했음을 밝힌다. 삼층 책장의 경우 수치 자료 수집이 가능한 유물 표본 수가 부족하여 제외했다.

표 4. 이층장 가로 · 세로 · 높이 수치 비교 표

명칭	너비	폭	높이
이층 옷장	99.43	46.83	126.33
이층 책장	106.14	43.14	110.26
이층 찬장	106.75	53.13	130.12

표 5. 삼층장 가로 · 세로 · 높이 수치 비교 표

명칭	너비	폭	높이
삼층 옷장	107.21	53.66	160.01
삼층 찬장	111.81	52.03	170.3

책장이 2.34cm, 찬장이 6.35cm이다. 삼층장의 경우 옷장이 3.37cm, 찬장이 6.3cm로 확인되고 있다. 찬장은 쇠목의 두께가 층마다 고르지 않다는 특징이 있기는 하나, 가장 두꺼운 쇠목을 값으로 평균을 계산한 결과 다른 장에 비해 약 2배 이상 더 두꺼운 것이 확인되고 있다. 이것은 가구의 쓰임, 즉 가구의 수납 대상에 따라 가구의 조형이 변화한다는 것을 증명하는 대표적인 한 사례이다.

　위의 표는 옷장, 책장, 찬장의 너비, 폭, 높이 평균값을 정리한 것이다. 이층장의 경우 삼층장에 비해 작으므로 책장과 옷장의 경우 바닥에 앉아 있는 사람이 사용하기에도 편리했을 것이다. 장의 규모를 결정하는 높이 값은 책장, 옷장, 찬장의 순서이다. 찬장의 경우 셋 중 가장 키가 큰데, 이것은 수납 대상의 차이에서 비롯된 차이로 여겨진다. 옷과 책이 각각 개거나 쌓아서 수납이 가능한 형태라면, 아무리 그릇이 적재하는 데 편리한 형태를 취하고 있을지라도 기형에 따라 크기와 높이가 천차만별이기에 더 넉넉한 공간이 확보되어야 했을 것이다. 또한 사용자의 사용 성향에 따라서는 그릇의 사용빈도에 따른 분류가 필

도 20. 옷장과 찬장의 다리 높이 변화(왼쪽부터 오른쪽으로)
〈이층옷장〉, 조선시대, 91.5×42×117.5cm, 국립민속박물관 소장
〈삼층옷장〉, 조선시대, 110.3×54.8×170cm, 국립민속박물관 소장
〈이층찬장〉, 조선시대, 115×52×148.2cm, 국립민속박물관 소장
〈삼층찬장〉, 조선시대, 112×45×169cm, 국립민속박물관 소장

요한 등의 여러 변수가 있었으리라 추측된다. 너비와 폭의 수치에 있어서도 책장과 찬장은 비슷한 크기이다. 다만 폭 수치에 있어 찬장이 책장보다 조금 더 커서 약 10cm의 차이를 보이는데 이는 책장은 어느 정도 규격화된 서책을 보관하는 반면, 찬장은 내용물이 일정한 부피를 차지하게 되므로 더 깊게 만든 것으로 보인다.

충고의 비교에 있어서도 이층장의 경우 옷장과 책장은 약 28cm, 25cm로 유사한 값이나 찬장은 41cm로 눈에 띄게 큰 값을 보인다. 삼층장의 경우 충고의 차이는 이보다 더 크게 벌어진다. 이러한 수치의 차이는 앞서 살핀 바처럼 옷, 그릇, 서책 등 각 내용물의 부피가 다른 것에서 비롯된 것으로 짐작한다.

다리의 높이와 관련하여 흥미로운 점은 장의 종류에 따라 이층장과 삼층장의 수치의 변화 추이가 다르게 나타난다는 것이다. 위의 표를 참고하면 다리의 높이는 이층장의 경우 옷장, 책장, 찬장이 약

20cm, 18cm, 38cm로 산출되었다. 삼층장은 옷장, 찬장의 순으로 약 24cm, 16cm이다. 옷장의 형식이 이층장에서 삼층장으로 변화할 때 다리 높이도 비례하여 증가하는 것과 달리 찬장의 다리 높이는 오히려 줄어들고 있다. 옷장의 다리높이가 이층장 평균값 19.7cm에서 23.76cm로 증가하는 반면, 찬장의 다리높이는 이층장 평균값 38.3cm에서 삼층장 평균값인 16cm로 줄어들었다. 이는 가구가 놓이는 장소와 수납 대상의 특수성이 함께 복합적으로 작용한 결과일 것이라 추측해 볼 수 있다. 대체로 공간의 제약에 의해 이층 찬장은 부엌, 삼층 찬장은 대청에 놓이게 된다. 부엌 찬장의 경우 습기 또는 쥐로부터의 피해를 막고 병충해를 피하기 위하여 다리를 높게 만들어야만 했고, 대청 찬장은 흙바닥이 아닌 대청마루에 올렸기 때문에 상대적으로 다리가 높아야할 필요성이 낮았다. 더불어 수납량 확대를 위해 층을 올려 형식의 변화를 꾀했을지라도, 가구는 공간을 최소한으로 점유해야만 한다. 수납공간이 사용자에게 최적화된 동작 범위 안에 있어야 하는 것도 가구에 요구되는 하나의 조건이다. 이것의 예로 사용의 불편함을 덜고자 삼층장의 각 층고에 있어 서 있는 채로 자세를 바꾸지 않아도 손이 닿기 쉬운 삼층을 더 크게 만드는 경향이 있다. 결국 너비, 폭, 층고, 다리높이 등의 기본 수치 중에서 다리의 길이를 줄여 해결함으로써 제한된 범위 안에서 수납공간을 확보하고자 한 궁여지책이었을 것이다.

옷장, 책장, 찬장의 성격 차이는 문판의 크기에서도 드러난다. 이층장, 삼층장의 문판의 가로, 세로 수치는 책장, 옷장, 찬장의 순서로 커지는 값을 보인다. 찬장의 층고 및 가로, 세로, 높이 수치가 다른 장에 비하여 더 큰 것은 수납의 내용물에 따라 목가구의 조형이 완성된 것

표 6. 이층장 문판 수치 비교 표

종류	가로	세로
이층 옷장	50.7	27.7
이층 책장	43.1	25.2
이층 찬장	63.1	42

표 7. 삼층장 문판 수치 비교 표

종류	가로	세로
삼층 옷장	59.3	27.6
삼층 책장	49	21.4
삼층 찬장	61.1	41

임을 알려주고 있다. 또한 같은 장이라고 하더라도 쓰임에 따라 다양한 규격과 크기를 가지게 되어, 이것은 조선가구의 쓰임에 기반한 조형 원리를 설명해주는 사례라고 할 수 있다.

의걸이장 또한 좋은 사례이다. 의걸이장은 다양한 장의 종류 중에서 가장 늦게 출현한 형태이다. 의걸이장은 비교적 늦은 19세기에 등장한 수납가구로서 장의 내부 상단을 가로지른 횃대에 옷을 걸치도록 되어 있는 장을 말한다.[128] 의걸이장은 보통 옷을 포개어 접은 상태로 보관하는 농이나 옷장과 달리, 옷이 구겨지지 않도록 걸어 놓기 위한 가구이다. 의걸이장 또한 조형에 있어서 그 용도를 중요한 기준으로 삼았다. 이것은 의걸이장의 문턱과 층널의 높이를 조절하여 의걸이장 안에 수납된 옷자락이 문턱에 걸려 구겨지지 않도록 한 것에서 볼 수

---

[128] 이금주, 「조선시대 衣걸이欌에 관한 연구 – 형태를 중심으로」, 대구효성카톨릭대학교 대학원 석사학위논문, 1995, p4.

있다.

    또 부엌에서 안방, 사랑방, 대청 등 집안 곳곳으로 음식을 나르는데 쓰였던 소반은 그릇들이 밀려서 떨어지는 것을 막기 위해 경사진 전을 둘레에 빙 둘러 붙였다. 경상도 이와 유사한 예로, 천판 양 옆에 위치한 변의 귀가 말려 올라가 있다. 이것은 두루마리, 서책, 불구 등의 물건이 상 위에서 굴러 떨어지는 것을 막기 위한 배려다.[129]

    지금까지 살펴본 사례들을 통해 가구는 본질적으로 쓰임을 지향한다는 것을 알 수 있었다. 공예, 특히 가구는 쓰임과 따로 떼어 놓고 볼 수 없는 관계이며, 실용공예로서 조형의 조건에 삶을 돕는 기능의 면모가 매우 중시된다.[130] '쓰임'은 공예품의 태생과 함께 사람들의 생활 속에서 목적을 갖추도록 주어진 조건이며, 앞으로 살펴볼 여러 가지의 영향 요인들 또한 이로부터 비롯된 것이다.

도 21. 의걸이장의 내외부 모습(〈의걸이장〉, 조선시대, 85.4×42.5×158cm, 국립민속박물관 소장)

---

129 이종석, 앞의 책, 1986, p.79.
130 위의 책, p.77.

2. 공간에 따른 구조

앞서 조선가구의 조형을 사용자 측면에서 바라보았다. 사용자 중심의 '쓰임'이라는 행위를 간주하고 그 사례를 살피고자 했다. 그리고 또 다른 편에서는 환경, 즉 공간에 대한 이야기를 빼놓을 수 없다. 조선가구가 놓였던 한옥이라는 공간을 살피는 것은 다양한 시점에서 조선가구의 조형을 분석할 수 있는 여지를 만들어 준다. 예컨대 한옥이라는 공간의 특성, 구체적으로 집 안의 어느 곳에 놓여 사용되었는가의 맥락이다. 가구의 쓰임은 가구의 자리에 따라 결정되기 마련이다. 따라서 조선가구의 조형과 그 특성을 바라보고자 할 때는 가구가 배치되는 공간과 맥락을 살펴볼 필요가 있다.

몇 가지 대표적인 사례를 들어보자면, 조선가구 가운데 가장 키가 큰 3층장의 높이는 한옥의 내부 층고에 따라 제한될 수밖에 없었다. 또 다소 키가 작은 축에 속하며 가로로 길게 놓이게 되는 머릿장, 문갑장 등의 가구류에 있어서는 창을 통해 들어오는 빛을 가리지 않도록 창의 위치에 따라 통상적으로 높이가 제한되고는 했다. 그러나 이러한 사례들은 전통 한옥의 실측에 따른 수치 자료가 미진하고 이를 바탕으로 한 연구가 부족함에 따라 구체적인 연구 결과를 도출하는 데에도 한계가 따른다. 또한 조선가구를 공간에 따라 구분하여 나누고, 공간성이 어떻게 조형에 영향을 미쳤는지 알아보고자 할 때 유념해야할 부분이 있다. 그것은 조선가구가 당시의 소비재였기 때문에 사용 양상은 계층에 따라 천차만별이었다는 것이다. 더불어 계층성은 가구 뿐 아니라 주거 공간의 구성에서도 확인할 수 있다. 그렇기 때문에 공간에 따라 조선가구를 나누어 파악하고자 할 때 형편에 따라서는 가구가 사치품일 수 있었음을, 몇몇 특수 공간에 있어서는 계층에 따라 차이가 있을 수밖에 없음을, 계층을 고려하지 않고 일반화할 수는 없음을 잊지 말아야 한다.

    공간에 따라 어떤 조선가구가 쓰였는지 말해주는 기록이 있다. 『증보산림경제』「가정」편에는 가정에 갖추어야 하는 기구器具들을 손꼽았는데, 그 중에서 목물로 제작된 것들은 다음과 같다. 먼저, 부엌에서 쓰는 여러 기물 중에는 나무통, 주걱, 디딜방아, 나무절구, 절굿대, 바가지, 조리, 대나무발, 매통, 시렁, 말, 되, 찬장, 뒤주, 목이박, 용수, 고리, 행담, 소반, 싸리골반, 싸리골롱 등이 있다.[131] 찬장, 뒤주, 절구 등의 보관 및 저장을 위한 용기로써의 성격이 짙은 가구 및 공예품, 이외 일상에 필요한 생활용품들을 주로 목기로 제작했음이 드러난다. 다음으로 방과 대청에서 쓰는 기물들 중에는 농, 상자, 광주리, 동고리, 목궤, 층탁자, 탁자, 옷장, 경대 등을 논했다. 재실 안에 있어야 할 것으로는 서안, 평상, 의침, 왜궤, 등경, 서등, 필통, 죽고비, 나무의자, 책장, 매화장, 병풍, 족자, 죽발, 바둑판 등이 목물로 확인된다.[132] 이 기록은 저자가 집안에 마땅히 갖춰야할 법한 가구를 나열한 것이기에 일상적 쓰임에 더 가까운 것으로 사료된다.

    전통 주거 공간을 크게 안방, 사랑방, 부엌으로 나누어보았을 때, 크게는 사용자의 성별에 따라, 둘째로는 기능과 성격에 따라 공간의 성격이 달라진다. 먼저 안방과 사랑방은 사용자의 성별에 따라 구분이

---

131 유중림, 『증보산림경제』, 민족문화추진회, 1985, p.155.
132 위의 책, p.156.

가능한 거주 공간이다. 안방은 안채에서 가장 큰 방, 사랑방은 사랑채에서 가장 큰 방이다. 각각 여성과 남성이 생활하는 공간으로, 사용자의 특성을 뚜렷하게 반영하고 있다. 예를 들어 안방은 여성인 집안의 안주인이 사용하는 공간이었기에 보다 내밀한 공간이었다면, 사랑방은 남성인 집안의 가장이 기거하는 공간으로 손님을 맞고, 대외적 교류가 이루어지는 공간으로 보다 개방적이었다고 할 수 있다.[133] 안방의 대표적인 가구는 장롱, 문갑, 머릿장, 각계수리를 비롯, 화장구, 등경 등이 있고, 사랑방의 대표적인 가구의 예라면 사대부가를 예로, 책장, 문갑, 사방탁자, 서안 등이 있다. 안방 가구가 사용자의 선호도에 따라 화려한 장식과 꾸밈이 많았다면, 사랑방 가구는 그에 비해 절제되고 단순했다. 다음으로 부엌은 "군자는 푸줏간을 멀리한다"는 『맹자』의 내용처럼, 부부유별의 유교적 원칙이 적용되는 공간 중 하나이기도 하다. 여성의 가사노동 공간이었던 부엌의 모습을 그리자면, 흙바닥에 놓인 아궁이에 땔감으로 불을 피워서 나는 연기와 그을음이 가득한 공간으로 기능적으로도 여타 공간에 비하여 폐쇄적인 성격이 더욱 짙다. 현대부엌처럼 조리 공간과 식당 공간이 함께 공존하는 것이 가능했던 것은 양옥이 보편화되면서부터이다. 조선시대 전통주거공간으로서의 부엌은 조리를 위한 독립적 공간이었다. 때문에 부엌에서 조리된 음식은 마당, 대청을 거쳐 다른 공간으로 운반해야만 했다. 부엌은 여러 공간들 중에서도 가장 낮은 곳, 뜰아래에 위치하여 노동의 동선에 있어서도 불편한 공간이었다. 이러한 가운데 사용되었던 찬장, 찬탁, 뒤주,

---

133 배영동, 「주거공간의 이용과 집 다스리기의 전통 : 국가와 집의 정치로서 주거문화」, 『비교민속학』 Vol.26, 비교민속학회, 2004, pp.576-577.

소반 등의 가구는 다른 공간의 가구들에 비해 기능이 더욱 강조되고 실용성이 두드러졌다.

조선가구의 공간성을 주목하고자 할 때, 각 공간의 대표적인 사례로 옷장, 책장, 찬장을 꼽아 비교하는 것이 공간에 따른 가구의 성격을 더욱 선명히 드러낼 수 있는 방법일 수 있다. 책장과 찬장은 각각 장식을 최소화 하여 절제된 미를 추구하거나, 실용적 기능을 우선시함에 따라 외관상 큰 차이가 없다. 그러나 만약 찬장과 옷장을 비교한다면, 이들은 외관에서부터 많은 차이를 보인다. 크게 눈에 띄는 점은 다음과 같다. 첫째, 찬장의 단순하고 수수한 풍혈을 갖춘 다리와 달리 옷장은 매우 화려하고 장식적인 풍혈의 다리를 하고 있다. 둘째, 머름칸의 배열이 다르다. 찬장은 단정하게 한 줄의 머름칸이 들어가는데 반해 옷장은 홀수 머름칸 한 줄, 짝수 머름칸 한 줄, 두 줄의 머름칸을 넣는다. 여기서 생기는 비대칭적 요소는 장식적인 효과를 낸다. 머름칸과 쥐벽칸으로 전면 장식을 이루는 형식은 대체로 옷장에서 많이 나타난다.

도 22. 찬장, 옷장의 풍혈과 다리

마지막으로 사당과 제기고의 가구를 고려한다면, 이들은 조상을 위한 가구로서 조상 숭배적 성격이 더 잘 드러난다. 사당은 조상의 신주를 모시는 공간으로서 집안에서 가장 높은 곳, 살아있는 사람들의 공간과 떨어진 곳에 모셔져 있으므로 의례적 성격을 분명히 한다.[134] 사당의 가구로는 제상, 교의, 감실, 주독, 향안 등이 있다. 이들은 현실에서 사용하는 가구들과 달리 다리가 매우 높은데, 이는 사당의 공간

---

[134] 배영동, 앞의 논문, 2004, p.581.

성이 영향을 끼친 것으로 여겨진다. 사당의 가구는 기능적 측면이 강조된 것이라기보다 공간의 의례성이 더 우선된 조형을 가지고 있다고 할 수 있다.

6장
옻칠과 칠장의 소임

1. 칠의 역사와 재료적 특질

1) 옻칠이란

옻칠은 '옻'과 '칠'이 결합된 단어이다. 옻은 옻나무 줄기나 가지에서 채취한 수액을 뜻하는 순 우리말이다. 칠漆은 『설문해자주說文解字注』에 의하면 칠나무 자체를 뜻한다. 또한 한자의 형상이 칠나무에서 물방울을 흘리는 모습으로 '漆'자는 칠액을 일컫는 말이기도 하다. 따라서 옻칠은 옻나무의 수액을 뜻할 뿐만 아니라 옻나무 자체를 의미하기도 한다.

옻漆은 옻나무에서 채취한 회백색의 수액을 정제하여 사용한 것이다. 이를 용도에 맞게 정제하여 생칠, 정체칠, 흑칠, 색칠 등 다양한 목적에 맞게 쓰인다. 옻칠은 주로 목기에 칠을 하며, 이외에도 자기, 금속, 종이 등의 재료에 칠하기도 한다.

예부터 동아시아뿐만 아니라 동남아시아 등지에서도 옻칠은 우수한 도료로 역할 해 왔다. 특히 한국, 중국, 일본에서는 각자만의 기술력과 미의식을 적립시키며 발전했다. 중국에서는 옻칠을 두텁게 올려

칠층을 조각하여 무늬를 새기는 조칠彫漆, 剔紅, 일본은 옻칠 바탕에 금분이나 은분, 금박이나 은박을 붙여 장식하는 마키에蒔繪가 대표적이다. 우리나라의 경우 단연 옻칠 바탕에 나전으로 장식한 나전칠기螺鈿漆器를 꼽을 수 있다. 이처럼 옻칠은 특유의 아름다운 광택과 기물을 보호하는 코팅 역할을 지녀 오늘날까지도 널리 사용되고 있다.

옻나무는 중앙아시아 고원지대를 원산지로 한국, 중국, 일본, 베트남, 대만, 인도네시아, 네팔 등 아시아 지역에 자생하는 낙엽 활엽 소교목이다. 옻나무는 성장이 빠르고 높이가 12–20m까지 자란다. 현재 우리나라에서 자생하는 것으로 개옻나무, 검양옻나무, 산검옻나무, 덩굴옻나무, 붉나무 등 6종이다. 잎은 녹색을 띠며 앞자루 양쪽에 9–11개의 소엽이 달려있다. 옻나무는 암꽃과 수꽃이 각각 다른 나무에 피는 자웅이주식물로 5–6월에 꽃이 피고 9월에 붉은 단풍이 든다. 줄기가 굵고 회황색 빛이 돌며, 식물의 중심부분인 심재와 겉껍질부분인 변재의 구별이 뚜렷하게 나타난다. 어린 수목일 때는 표피에 털이 있으나 곧 없어지고 수피에는 회백색으로 광택이 있으나 자라면서 세로로 갈라지면서 거칠어진다.

우리나라에서는 북부의 높은 산지를 제외하고는 함경북도 청천강 유역까지 재배가 가능하여 전국에 분포한다. 그러나 기후, 지형, 지질 등을 고려하면 적합한 옻나무 재배단지로는 예로부터 평안북도 태천, 충청북도 옥천, 경상남도 함양, 경기도 포천, 강원도 원주, 전라남고 구례, 장성, 나주, 곡성 등이 있고, 이 지역들을 중심으로 집중적으로 조림이 이루어졌다.

2) 칠의 역사

중국에서는 약 6,500년 전부터 옻칠을 도료로 사용하기 시작했다. 중국의 오래된 옻칠 역사는 여요餘姚 하모도河姆渡에서 출토된 생칠 나무 사발 유물과 『고공전考工典』에 기록된 칠기 사례 등을 통해 헤아릴 수 있다.[135] 우리나라에서 가장 오래된 관련 유물은 경남 의창군 다호리에서 출토된 목심칠기가 있다.[136] 이는 우리나라가 이미 2,000년이 넘는 시간을 목칠공예와 함께하고 있음을 말해준다.

삼국시대에는 귀족들을 중심으로 실용적이며 아름다운 목칠공예품들이 널리 애용되었다. 신라고분에서는 칠함漆函, 칠기漆器, 칠각병漆角瓶 등이 발견되었으며, 고구려와 백제에서는 칠관漆冠, 칠궤漆櫃 등이 출토되었다. 당시 이미 화려하고 정세한 목칠공예가 발전되었던 것이다. 전문적인 기량을 갖춘 칠장漆匠 또한 다수 존재했음을 알 수 있다. 『삼국사기』를 보면 칠전이 언급되는데, 이곳은 왕실 전문 칠장을 배양하던 곳이다.[137] 칠전은 칠의 채취와 품목 제작을 전문적으로 하는 곳으로, 장인의 실력을 향상시켜 당대 미감에 맞는 목칠공예품을 제작했다.

통일신라시대에는 삼국시대 옻칠 양식과 당나라 문화를 수용하여 한국의 옻칠공예에 전진적인 발전을 가져왔다. 흑칠黑漆과 주칠朱漆, 칠화漆畫, 금은니화金銀泥畫,[138] 평탈기법平脫技法 등 여러 옻칠 기법이 배양

---

[135] 1973년 절강성 여요 하모도에서 벼농사 유지가 발굴되었다. 석기와 골기, 목기, 토기 등이 다수 발굴되었으며, 연대는 오늘날로부터 7,000년에서 5,000년 이전으로 보여진다.
[136] 1998년 발굴. 기원전 1세기 추정. 경남 의창군 다호리 제15호분에서 원형칠두·방형철두 등 약 20여 점의 칠기유물들이 발굴되었다.
[137] 『三國史記』卷39,「雜志」第8, "職官".
[138] 금은니화(金銀泥畫): 금은박을 아교로 개어 옻칠한 판위에 그리는 기법.

되었다. 경주 월지에서 발굴된 유물과 유적을 통해 이미 궁중에서는 칠기가 생활용기로써 자리 잡았음을 살펴볼 수 있다. 특히 월지에서는 평탈기법으로 작업된 칠기편이 다량으로 출토되어 주목할 만하다. 평탈이란 옻칠 바탕 위에 얇은 금판 또는 은판으로 무늬를 오려 붙인 뒤, 그 위에 다시 옻칠을 하여 무늬와 여백의 기벽이 평면이 되도록 메우는 기법이다.[139] 평탈기법은 재료의 차이를 제외하고는 나전칠기와 공정이 일치한다는 점에서 한국 나전칠기의 시원으로 평가받고 있다.[140]

나전칠기는 고려시대에 들어서 성행했다. 옻칠 자체에 집중되어 있는 중국과 일본에 비해 우리나라는 찬란한 빛깔을 품은 전복껍질을 특히 선호했다. 나전칠기는 버려진 조개껍질로 만들어낸 갖가지 문양과 장인의 솜씨가 더해져 한국의 공예 전통을 한층 풍요롭게 했다. 송나라 서긍이 저술한 『선화봉사고려도경』에서 고려 나전칠기에 대해 "세밀가귀細密可貴"라 하여, 그 기법이 매우 세밀하고 뛰어나 가히 귀하다고 상찬한 기록은 당시 나전칠기의 수준을 짐작해 볼 수 있다.[141] 당시에 제작된 경함, 합자, 향갑 등을 통해 섬세하고 우아한 고려시대 나전칠기의 위상을 확인할 수 있다.

조선 초기 옻칠공예는 당초문이나 포도덩굴을 정세하게 시문하여 당대 미감을 표현했으며, 후기에는 수복壽福을 의미하는 문양 또는 민화적 문양이 출범하게 된다. 조선 후기에 이르러서는 상공업의 발달에

---

139 최공호, 「한국 옻칠공예의 전통과 전승」, 『전통옻칠공예』, 한국문화재보호재단, 2006. 참고.
140 신숙, 「통일신라 평탈공예 연구」, 『미술사학연구』Vol.242·243, 한국미술사학회, 2004. 참고.
141 徐兢, 『宣和奉使高麗圖經』卷23, "土産".

따라 왕실뿐만 아니라 민간의 일상에서도 목칠공예품이 스며들게 된다. 옻칠공예는 자연히 민가의 생활문화를 고양시키는 공예품으로서 입지를 다져갔다. 이 시기 옻칠공예로 표현된 문양들은 전 시기에 비해 보다 자유분방한 모습이 드러나는데 이는 칠기의 대중화를 읽을 수 있는 징표이다. 민속문화 복원에 앞장서며 한국일보 논설위원으로 활동했던 예용해는 조선 나전칠기의 특징을 "고려에 비해 회화적인 문양이 성하며 자유롭고 서정에 넘쳤다"고 전하고 있다.[142]

근대에 이르면 값비싼 옻칠 대신 화학도료를 수입하여 사용하기 시작한다. 이런 흐름은 옻칠공예의 존재를 잠시 위기에 빠뜨렸으나, 장인과 수요층이 결합된 오랜 역사적 저력으로 거뜬히 이겨내어 오늘에 이른다. 오늘날 국가무형문화재로는 나전장과 칠장이 지정되어 있다. 1966년에 국가무형문화재 제10호 나전장 김봉룡金奉龍(1902-1994) 장인이 최초로 인정되었다. 현재 국가무형문화재 나전장은 끊음질[143] 기법으로 송방웅宋芳雄(1940-) 장인이 인정되었으며, 주름질[144] 기법으로는 이형만李亨萬(1946-) 장인이 그 명맥을 이어가고 있다. 칠장은 2001년 국가무형문화재 제113호로 정수화鄭秀華(1954-) 장인이 인정되어 옻칠 정제작업 및 전통 칠 작업에 매진하고 있다. 이처럼 옻칠은 우리 공예문화의 깊이를 이해할 수 있는 우수한 도료로서 또는 미감을 표현하는 수단으로서 현재까지도 자리매김을 하고 있다.

---

142 예용해, 『인간문화재』, 「나전칠기」, 대원사, 1997. 참고.
143 끊음질: 자개를 상사기(祥絲機) 또는 상사거도(祥絲鋸刀)를 이용하여 가늘고 길게 실처럼 썰어 상사(祥絲)를 만들고 사선을 끊으면서 조직적이고 연속적인 자개문양을 구성하는 기법. (참고: 국립문화재연구소, 『나전장』, 민속원, 2006, p.26.)
144 주름질: 실톱, 가위, 칼 등으로 자개를 계획된 도안에 따라 오리거나 자르고 줄칼로 다듬어 자개문양을 만드는 것. (참고: 국립문화재연구소, 『나전장』, 민속원, 2006, p.27.)

3) 옻 채취 방법

옻은 옻나무에 상처를 내어 흘러나오는 수액을 채취하여 만들어진다. 옻나무는 전 부위에서 옻액을 채취할 수 있다. 같은 부위에서 계속 채취하는 것이 아니라 부위를 달리하여 일정한 간격과 시기에 맞추어 채취하는데, 옻 채취의 적정 수령樹齡은 일정하지 않으나 보통 8-10년생이면 옻 채취가 가능하다. 우리나라 옻나무의 경우 6월 중순부터 11월 말까지 약 160일 동안 채취시기로 삼고 있다. 초칠은 6월 중순부터 7월 초순에 걸쳐 채취한 칠액을 말한다. 연중 채취한 칠액 중 수분의 함량이 가장 많은 편이고 건조가 높지만 투명도가 떨어진다. 성칠은 7월 중순에서 8월말 경에 걸쳐 채취한 칠액을 말한다. 가장 무더운 날씨에 채취하는 칠액으로 칠액의 성분 중 품질이 가장 우수하며, 산칠량이 가장 많다. 말칠은 9월 초순부터 9월말 경까지 채취한 칠액이며, 수분의 함량이 적은 편이어서 하지칠용으로 사용된다. 뒷칠은 9월 말부터 10월 중순경까지 채취한 칠액이다. 가지칠은 옻나무 칠액의 마지막 단계로 옻나무를 벌채하여 가지에서 옻액을 채취하는 방법이다.

채취 방법은 채취용 도구로 옻나무 표피를 긁어낸 후 흘러나온 수액을 채취한다. 채취 방법의 종류는 살소법, 양생법, 고소법, 화칠법등이 있다. 현재 우리나라에서는 대부분 살소법을 사용하고 살소법이 끝난 후에는 화칠법을 사용하기도 한다. 살소법은 옻나무 전체에 홈을 내어 옻나무를 벌채하는 방법을 말하는데, 주로 한국과 일본에서 사용한다. 벌채를 하는 이유는 옻액을 채취를 하게 되면 옻나무가 고사하기 때문이다. 벌채하고 난 옻나무의 그루터기에서 줄기가 올라와 다시 옻나무가 성장하여 일정한 기간이 지나면 옻을 채취할 수 있다. 채취 작업은 5일 간격으로 한다. 옻나무에 홈을 내면 바로 칠액이 고이는 것이 아니라 2-3회 변긁기로 넘어가면서 칠액이 고이기 시작하고 보통 4일이 지나야 채취가 가능하다. 이는 칠액 속의 성분인 옻산이 탄소동화작용에 의해 합성되기까지 약 3-4일 정도 걸리기 때문이다. 5일째부터 채취하는 것이 가장 양질의 옻을 채취할 수 있다. 옻나무에 따라 다소 차이는 있으나 이와 같은 방법으로 20여회 정도 변긁기를 하여 채취한다.

화칠법은 화소법이라고도 하며, 4-5년생 옻나무를 잘라 줄기나 가지를 베어낸 후, 옻나무를 불에 달구어 끓어오르는 진액을 받는 방법이다. 한국 고유의 칠방법이라고 알려진 화칠법에 대한 기록에 대해서는 찾아보기가 어렵다. 다만 『칠공연구漆工研究』에 의하면 "한국의 고유한 칠 채취방법은 전통적으로 일본의 세쯔에 소취법과 비슷하다. 4-5년의 유수를 벌채하고 이것을 물에 일주일간 담근 후 그대로 불을 이용해 뜸을 들여 채칠하는 방법을 쓴다. 이를 화칠이라 말하는데, 일반 칠액에 비해 품질이 떨어진다. 옛날 일본 통치하에는 옻나무의 재배를 크게 장려했고 또 채칠법을 일본식으로 고쳐 상당량 생산했지만 현재는 알 수 없다."라고 서술되어 있다.

『조선왕조실록』과 『승정원일기』에도 화칠에 대한 기록이 있어 조선시대 화칠의 일면을 확인할 수 있다. 정조실록에는 생옻의 폐단을 지적하면서 생칠이 귀해지니 법식을 세울 것을 요구하는 기록이 있다.

이로 응당 사용할 것을 제외하고는 모두 화칠로 내도록 책정하고 값도 일정한 액수에 맞추어 주도록 할 일을 문서로 만들어 불변의

법식을 삼는 것이 옳을 듯하다.[145]

위 기록을 통해 화칠이 우리나라에서 사용하고, 백성들이 쉽게 구할 수 있는 옻칠임을 알 수 있다. 또한 『승정원일기』에는 화칠의 성격을 알 수 있는 대목이 있어 눈길을 끈다. 이광좌가 아뢰는 대목에서,

지금 쓰는 칠은 전에 쓴 것과 비교해 보면 맑습니다. 그런데도 여전히 너무 맑은 것을 쓰지 않는 것은 너무 맑으면 두텁게 칠해지지 않는다고 합니다. 그래서 우선 화칠(火漆) 기가 있는 것을 사용하고 있습니다.[146]

라고 했다. 이 기록을 통해 화칠의 성격은 맑기보다는 탁하며 두텁게 칠해지는 특징을 가지고 있던 것으로 추정된다.

4) 옻칠의 종류

① 생칠과 정제칠

옻칠은 크게 생칠과 정제칠로 구분한다. 생칠은 옻나무에서 채취된 옻액에서 불순물을 제거한 상태이며, 정제칠은 생칠에 용도에 맞게

---

[145] 『正祖實錄』卷51, 정조23년(1799년) 5월 7일(갑자). "漆之爲用許多, 而生漆之爲弊尤甚. 官用與營卜定, 必以生漆, 徵納於民. 每當營卜定時, 必也伐鼓動民, 四出勒斫, 一番策應, 則連阡之樹, 蕩然無餘. 産漆之地, 不爲不多, 而樹之生有限, 漆之用無窮, 小民之爲業於漆者, 漸不如前, 漆安得不貴? 繼自今, 除非應用外, 皆以火漆卜定給價, 亦爲準數, 著爲恒式, 恐合事宜."

[146] 『承政院日記』卷31, 영조 즉위년(1724년) 10월 13일(기미). "光佐曰, 卽今所用之漆, 比前則淸, 而猶不用太淸者, 用太淸者, 則漆肉不上云, 故姑用有火漆氣者矣."

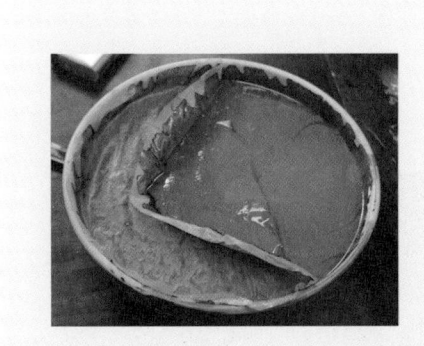

도 23. 생칠

가공하여 기능을 보완한 것이다. 생칠은 옻나무의 줄기나 가지에 상처를 내어 얻어진 수액으로 채취하여 베에 걸러 이물질을 제거한다. 앞서 살펴본 바와 같이 생칠은 채취 시기나 방법에 따라서 세분화 된다. 시기에 따라서는 초칠, 상칠, 말칠, 뒷칠 등으로 구분된다. 방법에 따라서는 우리나라 옻 채취법이라고 할 수 있는 화소법을 사용한 칠은 화칠이라고 부른다. 옻나무에서 옻액을 채취하는 과정에서 먼지나 나무껍질이 들어가므로 여과를 통하여 사용 가능하게 만들어야한다. 생칠은 주로 공예품, 목재의 방부, 접착제 등에 사용된다.

    정제칠은 생칠에 교반과 가열 작업 등을 통하여 수분을 증발시키는 작업을 말한다. 생칠을 그대로 사용할 경우에는 칠면에 주름이 지거나 백화현상이 일어날 수 있다. 더불어 작업 시에 붓 자국이 생기거나 칠의 두께를 올리는데 어려움이 따른다. 더불어 생칠 상태에서는 다양한 성분이 섞여 있어 상태가 균일하지 않아 매우 불안정하다. 또한 물방울의 크기가 일정하지 않아 건조 후 칠면에 빈 공간으로 남는다. 이러한 물방울이 생길 시에는 기물의 표면이 거칠게 표현되며 이는 곧 결함으로 이어진다. 때문에 이러한 단점을 줄이고 칠 작업을 수월하도록 정제칠을 만든다. 생칠의 입자는 고르지 못하고 수분이 함유되어 있어, 교반 작업과 열을 가하여 수분을 줄이고 입자를 고르게 한다. 수분을 줄여 입자가 고르게 되면 칠도막이 균일하게 형성된다. 정제칠은 농도와 끈기, 표면의 매끄러움 정도 및 칠 두께를 높여 일정한 표면을 형성시킨다.

6장. 옻칠과 칠장의 소임

② 색칠

㈀ 주칠과 흑칠

색칠은 투명한 정제칠에 주사나 석화 등 천연 안료를 혼한 칠을 말한다. 평평한 목판이나 유리 위에 긴 방망이를 이용하여 안료와 칠이 잘 섞이도록 혼합해 준다. 보통 비율은 안료와 칠을 1:1로 섞으며 칠에 안료를 조금씩 넣어가며 섞어 완성한다. 처음에는 어두운 느낌을 많이 받지만 건조 후에는 옻칠의 색이 드러나면서 선명도가 높아진다.

도 24. 색칠의 종류

낙랑시대부터 칠화에 색이 사용되었다. 우리나라의 칠기 유물을 살펴보면 대부분이 안쪽은 주칠, 바깥쪽은 흑칠한 공예품이 많다. 각종 문양이나 회화적인 기법을 표현한 것을 볼 수 있다. 대표적으로 전통사회에서 흑칠과 주칠, 황칠黃漆 등을 사용했다. 이들 색에는 각각 위계질서가 반영되었고, 쓰임이 조금씩 달랐다. 우선 흑칠에 관한 기록에서는 주칠과 함께 주로 등장했다.『성종실록』에서는 진상하는 기물 외의 제사의 기명은 흑칠을 쓰고, 주칠은 쓰지 못하게 하라는 기록이 있다.[147] 더불어『중종실록』에서도 접대할 물품의 색을 정하는 대목에서 주칠상과 흑칠상의 용도를 논의하고 있다. 김안로는 세자의 잔치상은 흑칠상이더라도 외국 사신의 상은 주칠상으로 사용하는 것이 합

---

[147]『成宗實錄』卷10, 성종 2년(1471년) 5월 25일(정유). "進上器皿外, 諸司器皿用黑漆, 毋得朱漆."

당하다고 아뢰었다. 반면 세자만 흑칠상을 쓰는 것이 온당치 못하다고 하며 윤은보는 모두 주칠상을 쓰는 것을 건의했다.[148] 진상하는 물품에 주칠을 사용하고 제례기에 흑칠을 하는 것으로 보아 색칠 별로 쓰임이 달랐던 것을 알 수 있다. 또한 주칠을 진상하는 물품 외에는 금제에 두었던 점과 세자의 상을 주칠로 사용할 것을 건의하는 것을 보면 흑칠보다는 주칠이 위계가 높았던 것을 알 수 있다.

반면 주칠은 안료의 산지에 따라서 다르게 불렀다. 우리나라에서 생산된 것은 '번주홍燔朱紅, 중국에서 생산되는 '당주唐朱', 왜倭에서 생산되는 '왜주倭朱' 등으로 구분했다.『영조정순왕후가례도감의궤英祖貞純王后嘉禮都監儀軌』의 일방 삼일질에 보면 왜주홍 12냥, 당주홍 1근 4냥, 반주홍 1근이 기록되어있다. 즉, 의례에서 한 가지 주칠을 사용한 것이 아니라 산지에 따라 다른 색감을 가진 안료를 이용하여 쓰임을 달리했다는 것이다. 번주홍은 반주홍磻朱紅이라고도 하며,『죽창한화竹窓閑話』에서 번주홍은 평산에서 난다는 기록이 있다. 중국에서 수입된 당주는 당홍唐紅이라고도 하며, 천연안료인 진사辰砂와 혼합하여 만들어진 것이다.『영조실록』의 기록에 의하면 이익정이 종묘의 신탑을 처음에는 번주홍으로 칠했는데 개수할 때마다 당주홍으로 고쳐 각 실의 신탑의 색이 같지 않다는 내용이다.[149] 영조는 색이 달라서는 안 되기

---

148 『中宗實錄』卷83권, 중종 31년(1536년) 12월 9일(경인). "金安老議: 宗親百(安)〔官〕 設宴時, 天使床皆用朱漆, 而世子宴享床, 則皆用黑, 似異於禮, 世子床雖黑, 天使則用朱, 允合事體. 尹殷輔議: 宗親百官旣用宴時, 天使床旣用朱染, 則世干請宴時, 獨用黑漆未安, 竝用朱漆似當."
149 『英祖實錄』卷51, 영조 16년(1740년) 4월 19일(기축). "命宗廟神榻, 皆以唐朱紅改塗。 禮曹參判李益炡奏言: 各室神榻, 初以燔朱紅塗之, 而每當修改, 以唐朱紅改之, 故各室神榻, 其色不同. 上曰: 不可異同, 幷以唐朱紅改塗, 後以爲式."

때문에 모두 당주홍으로 고쳐 칠하고 정식으로 삼으라고 명했다. 이 기록에서 볼 수 있듯이 이름은 주홍으로 쓰고 있으나 나라별 생산되는 색이 달랐으며, 각각 쓰이는 색의 용도가 달랐던 것을 알 수 있다.

㈎ 황칠

황칠은 옻나무에서 채취되는 생칠이 바탕이 아닌 황칠나무에서 채취되는 칠이다. 황칠나무는 두릅나무과에 속하는 난대 상록 활엽수목으로 10m 이상 자란다. 내한성耐寒性이 약한 반면에 내음성耐陰性과 내조성耐潮性이 강하고 계곡의 토심이 깊고 비옥한 습윤한 곳에서 자생한다. 황칠은 주로 7월 중순부터 9월 초순에 가장 많이 채취한다. 단, 장마철에는 수지액에 수분이 다량 함유되어 있어 채취하지 않는다. 물에 희석되지 않아 예전에는 황칠을 물에 넣어 보관했다고 한다. 황칠의 수분함량은 약 20%정도이며 광택이 무광이며 내습성, 내열성, 침투력이 좋고 색상이 황금색이다. 특히나 투명도가 좋아 목재에 도장하면 무늬가 선명하게 드러난다. 황칠의 경우에는 습도가 필요하지 않아 도색하고 자연건조 시키면 온도에 따라 4시간 정도면 건조된다.

황칠은 예로부터 사용되었는데 특히나 백제 지역의 특산물 수출되었고, 통일신라시대 이후에는 황금빛이 돌아 중국에서 귀하게 여겨 신라칠이라 불렸다. 『계림지鷄林志』에 의하면 "황칠의 도장 방법은 7-8월에 채취한 수지액을 옥외의 직사광선 아래서 칠하며, 기온이 낮을 때는 도장과 건조가 곤란하다고 했으며, 도장에 요하는 시간은 칠하기 전조하기가 모두 하루면 충분하다. 도장 횟수는 3번 반복하여 칠하고 합죽선에 칠할 때는 들깨기름을 먼저 바르고 말린 후 솔로 칠하고 햇볕에 말린 후에 다시 솔로 칠하며 햇볕에 말리는 일을 3번 반복해서 광택을 내었다. 목제품일 경우 들깨기름을 바르지 않고 황칠을 바로 하는데, 칠한 후 말리는 일은 합죽선과 마찬가지로 3번 반복하였다."라고 되어있다.

뿐만 아니라 『고려도경』「잡속雜俗」에는 '나주羅州에서는 백부자白附子·황칠이 나는데 모두 조공품이다.'[150]라는 기록이 있다. 또한 『고려사절요高麗史節要』 제20권에 충렬왕 조에는 "좌랑佐郞 이행검李行儉을 원나라에 보내어 황칠을 바쳤다.[151] 두우杜佑의 『통전通典』 「백제百濟」에 '바다 가운데 삼도三島가 있는데 이곳에서 황칠이 난다. 삼도는 제주도를 가리킨다.'라고 했다. 이를 보면 나주와 제주도는 백제의 지역에 속해있으며 지속적으로 생산되었던 것을 추정해볼 수 있다. 또한 고려시대에는 백제와 통일신라시대에 이어 이곳의 황칠이 저명했던 것을 알 수 있다. 특히 고려에서 황칠은 조공품으로 중앙으로 집결되었으며, 원나라에 수출까지 하는 귀중한 칠이었다.

조선시대 기록에서도 황칠이 등장하여 그 맥이 끊이지 않고 내려왔던 것을 짐작하게 한다. 조선 후기의 『동사강목東史綱目』에서도 황칠에 대해 고대의 기록을 인용하여 전했다.

『당서唐書』「백제전百濟傳」에 이르기를, '… 세 섬三島이 있어 황칠이 나는데 6월에 나무껍질을 벗겨 진을 취하여 쓰는데 빛깔이 금과 같다.'고 하였다. 『통전』에 이르기를, '백제의 서남 바다 가운데, 세 섬이 있어 황칠수黃漆樹가 나는데 소하수小榎樹처럼 크다. 6월에 진

---

150 『高麗圖經』, 「雜俗」, "羅州道. 出白附子, 黃漆, 皆土貢也."
151 『高麗史節要』, 「忠烈王條」, "遣佐郞李行儉, 如元進黃漆."

액을 취해서 기물에 칠하는데 황금같이 그 빛이 번쩍번쩍 빛나서 안광을 빼앗는다.'라고 하였다.[152]

위의 『동사강목』의 기록은 앞서 살펴본 『고려사절요』보다 좀 더 상세한 설명이 실려 있다. 『당서』의 기록을 인용하여 백제의 삼도에 황칠이 나고 있으며 6월에 나무껍질을 벗기고 진을 채취한다고 했으며, 『통전』의 기록 또한 소하수(가래나무)처럼 크고 6월에 진액을 취하여 기물에 칠하는데 황금과 같이 빛나서 눈길을 뺏는다는 구체적인 서술이 담겨 있다. 이를 통해 당시 황칠의 채취시기와 백제지역에서 황칠이 유명했음을 알 수 있다.

실제로 조선에서는 황칠을 계속적으로 채취하기 위하여 황칠산지를 관리하는 내용 또한 발견된다. 『일성록』의 정조 18년 기록에 의하면 영읍營邑으로 바치는 황칠 10년간 수량을 줄여 황칠나무가 자라게 해달라는 완도莞島의 청이 있었다. 내용을 보면 영읍이 규정 외에 더 많이 징수하여 황칠산지가 유지되기 어려워 수량을 줄이고 황칠목이 자란 상태를 보고하게 하고 세금 조항을 엄하게 세우기를 아뢰고 있다. 기록을 통해 조선의 황칠은 완도에서 생산되었고 국가에서 관리했다는 점을 알 수 있다.

앞서 언급한 바와 같이 색칠에 사용하는 색 간에 위계질서는 황칠에도 적용되었다. 『승정원일기』 인조 25년의 기록에는 칙사를 맞이하는 상탁을 황칠로 칠해주겠다는 내용이 있다. 더불어 『승정원일기』

---

152 安鼎福, 『東史綱目』, 「第三下」. "辛巳新羅眞平王, 四十三年, 高句麗榮留王四年, 百濟武王二十二年."

영조 1년 기록에는

> 이직이 아뢰기를, "소견하는 일은 없었습니다. 폐 태자가 죽었으니 예부의 절목節目 상례에 따라 황칠관黃漆棺을 써야 하는데 황제가 홍칠관紅漆棺을 쓰라는 교지를 내렸고, 상喪을 치를 제수는 모두 관에서 준비한다고 하였습니다. 황칠관과 홍칠관의 차등이 무엇인지를 물어보게 하였더니, '홍칠은 왕들의 상사에 쓰이는 것입니다.'"라고 하였습니다.

라는 내용이 있다. 즉, 인조대의 기록은 명에서 오는 칙사는 황제를 대신하여 오는 것으로 생각하고 황칠을 하여 황제의 대우를 해 주었다고 설명할 수 있다. 더불어 영조의 기록은 황칠관은 황제가 홍칠관은 왕이 쓰는 것이라고 하는 것으로 보아 황칠이 홍칠보다 위계가 더 높은 것을 알 수 있다. 즉, 황칠이 가장 귀하고 위계가 제일 높고 그 다음이 주칠, 다음이 흑칠인 것을 알 수 있다.

다산시문집 제4권 '황칠黃漆'

궁복산에 가득한 황칠나무를 그대 보지 않았던가 / 君不見弓福山中滿山黃
깨끗한 금빛 액체 반짝반짝 윤이 나지 / 金泥瀅潔生蕤光
껍질 벗기고 즙 받기를 옻칠 받듯 하는데 / 割皮取汁如取漆
아름드리 나무래야 겨우 한잔 넘친다 / 拱把橊殘纔濫觴
상자에다 칠을 하면 옻칠 정도가 아니어서 / 鹽箱潤色奪髹碧

잘 익은 치자로는 어림도 없다 하네 / 巵子腐腸那得方
글씨 쓰는 경황으로는 더더욱 좋아서 / 書家硬黃尤絶妙
납지고 양각이고 그 앞에선 쪽 못쓴다네 / 蠟紙羊角皆退藏
그 나무 명성이 온 천하에 알려지고 / 此樹名聲達天下
박물군자도 더러더러 그 이름을 기억하지 / 博物往往收遺芳
공물로 지정되어 해마다 실려가고 / 貢苞年年輸匠作
징구하는 아전들 농간도 막을 길 없어 / 胥吏徵求奸莫防
지방민들 그 나무를 악목이라 이름하고 / 土人指樹爲惡木
밤마다 도끼 들고 몰래 와서 찍었다네 / 每夜村斧潛來戕
지난 봄에 성상이 공납 면제하였더니 / 聖旨前春許蠲免
영릉복유 되었다니 이 얼마나 상서인가 / 零陵復乳眞奇祥
바람 불고 비 맞으면 등걸에서 싹이 돋고 / 風吹雨潤長鬖髿
가지가지 죽죽 뻗어 푸르름 어울어지리 / 杈枒擢秀交靑蒼

다산 정약용 선생의 『다산시문집茶山詩文集』에는 "황칠"이라는 제목의 시가 실려 있다. 이 시는 당대 황칠의 생산과 유통 전반을 살펴볼 수 있는 중요한 사료이다. 첫 구절부터 살펴보면 궁복산이라는 명칭이 등장한다. 궁복산은 완도의 주변 산을 일컫는 말로 역시나 완도를 황칠의 산지로 보고 있다. 껍질을 벗기고 즙을 받는 것이 옻칠과 같으며, 아름드리나무에서 겨우 한잔이 나온다는 구절이 있다. 이는 옻칠의 채취법과 그 양을 설명하는 것이다. 그 다음은 황칠의 품질과 쓰임에 대해서 논하고 있다. 황칠의 품질은 상자에 칠하면 옻칠하는 것보다 더 좋고, 이런 색은 잘 익은 치자로도 나오지 않는다고 말한다. 쓰임은 경황[153]으로 더욱 좋아서 납지나 양각에 비할 바가 아니라고 한다. 때문에 황칠나무는 명성이 온 천하에 알려지고 박물군자들도 더러 황칠을 기억한다고 구절에 표현되어 있다. 앞서 살펴본 『고려사절요』나 『동사강목』 같은 책에서 황칠을 기록한 것이 그 예라 할 수 있겠다. 시의 후반부에서는 황칠은 공물로 지정되어 해마다 징수하나 아전들이 폐단을 일으켜 지방민들이 황칠나무를 악목惡木이라 부르고 밤마다 도끼로 찍었다는 내용과 공물의 수량을 줄여달라는 요청 이후 공납에서 황칠이 면제되어, 영릉복유[154] 즉, 없던 황칠이 다시 생겨 되어 기뻐하는 내용을 다루고 있다. 이를 통해 당 시기, 황칠의 사회문화적 위치를 확인해 볼 수 있다. 다산이 지은 황칠이라는 시는 조선 후기 황칠에 대한 생산, 관리, 인식 등 사회의 전반적인 면을 살펴볼 수 있는 귀중한 사료라 할 수 있다.

2. 칠장의 소임

1) 칠장이란

칠장이란 채취한 옻칠을 용도에 맞게 정제한 후 백골에 칠을 하여 목칠공예품을 제작하는 장인을 의미한다. 칠장은 전문적인 영역으로서

---

153 종이의 종류 중 하나로 투명하고 얇으나 질겨서 글씨를 모사하는데 사용되었다.
154 영릉복유(零陵復乳): 영릉에서 생산되는 석종유(石鍾油)를 공물로 바치는데 그것을 채취하기가 너무 힘들고 정당한 보상도 없어 지방민들이 석종유가 없어졌다고 보고했다. 그 후 지방관으로 온 관리가 선정을 베풀자 백성들이 감복하여 석종유가 다시 생겨났다고 보고했다는 고사에서 유래된 말이다.

그 역사는 목칠공예의 발달사와 함께한다. 예부터 옻칠은 귀족문화를 대표하는 공예분야였다. 기본적으로 값이 비싼 재료였기 때문이다. 고가인 이유는 다양하겠으나 가장 큰 요인은 원재료의 채취와 까다로운 정제 과정 때문이다. 칠장은 좋은 옻칠액을 선별하는 능력과 선명한 빛깔의 옻칠을 구현하는 정제기술, 깔끔하고 아름답도록 칠 작업을 마무리하는 숙련된 손기술 모두를 갖춰야 한다. 옻칠액은 한 그루에서 소량만을 채취할 수 있으므로 옻칠을 얻기 위해서는 많은 옻나무와 긴 시간을 필요로 한다. 더불어 각 기물에 맞게 정제 과정을 거쳐야 한다. 즉, 옻칠공예의 핵심은 질 좋은 옻칠을 얻기 위한 충분한 재료와 시간, 칠장의 숙련된 정제기술이라 하겠다.

칠장은 귀족문화의 꽃을 피웠던 삼국시대부터 이미 존재했다. 신라 경덕왕 때 하나의 관청으로서 칠전을 두었다는 아래의 기록은 왕실에 사용되는 기물을 제작하기 위해 칠장을 전문적으로 양성했음을 의미한다.

> 칠전은 경덕왕景德王이 식기방으로 고쳤으며, 후에 예전대로 회복되었다.[155]

위 기록에서는 칠전을 식기방飾器房으로 명명했다가 칠전으로 다시 명명했다고 했는데, 이를 통해 왕실에 소용되는 식기를 칠기로 제작했음을 알 수 있다.

최치원崔致遠(857-?)이 쓴 『계원필경집桂苑筆耕集』에는 공물로 칠기

---

[155] 『三國史記』卷39,「雜志」第8, "職官", "漆典校勘, 景德王改爲飾器房校勘, 後復故."

15,935개를 바친다는 기록이 있다. 이는 당시 옻칠의 수요가 상당했으며, 다수의 칠장이 존재했음을 짐작하게 한다. 화려한 기물이 아닌 쓰기에 좋은 칠기로 만들었다는 설명을 덧붙여 그 쓰임에 초점을 맞춰 제작했음을 강조했다.[156] 예부터 옻칠이 기물을 화려하게 꾸미는 장식 재료로 소용된 것이 아니라 도료로서의 기능이 충실히 수행했음을 의미하는 대목이다.

초기 백제시대의 고분인 서울 석촌동 고분군에서도 다수의 칠기 유물이 출토되었는데, 대부분이 흑칠 바탕에 주칠로 칠해져 있어 백제시대에 이미 칠장의 옻칠 기술이 상당 부분 발전된 것을 파악할 수 있다.[157] 칠장은 왕실의 규율에 맞춰 요구되는 흑칠과 주칠을 정제하여 마련했으며 특히 식기를 중심으로 작업했다. 그 외에도 궤, 함, 관 등의 각종 기물에 칠 작업이 꾸준히 소요되었다.

고려시대 칠장의 기술력은 오랜 시간 축적되어 온 공예 기술과 당나라와의 교류를 통해 더욱 향상되었다. 특히 고려시대는 한국 옻칠공예의 화룡점정이라고 할 수 있는 나전칠기의 탄생이 이루어진 시기이다. 옻칠과 관련된 장인들의 협동체계가 더욱 견실해지는 시기에 들어선 것이다. 칠장은 백골을 만드는 소목장과 고풍스러운 장식을 구현하는 나전장 사이에서 그 둘의 가교이자 기물 제작 과정의 중심 역할을 했다. 각 장인마다 하나의 작품을 완성하기 위해 공정을 나누어 작업

---

156 崔致遠, 『桂苑筆耕集』 卷5, 「奏狀」. "當道造成乾符六年供進硯匣. 漆器一萬五千九百三十五事. 右件漆器. 作非淫巧, 用得質良, 冀資尙儉之規."
157 서울 석촌동 고분군은 서울특별시 송파구 석촌동에 위치한 백제 초기 무덤이다. 1916년 조사를 시작했으나 이후 개발로 인해 대부분의 무덤이 사라졌으며, 1974년 재조사를 진행했다. 1975년 사적 제243호로 지정 등록되었다.

을 진행한 것이다. 즉, 하나의 옻칠공예품이 완성되려면 최소 세 분야 장인의 손길을 거쳐야 하는 것이다.

조선시대에 들어서면 소목장과 칠장의 협업관계를 조금 더 뚜렷하게 살펴볼 수 있다.『사계전서沙溪全書』는 관혼상제에 관해 기록되어 있는데, 관혼상제 중 목칠공예의 정점이 드러나는 부분은 바로 치관治棺이다. 치관은 관을 짜는 것을 뜻하는데『사계전서』에는 치관 시 필요한 장인으로 목공과 칠장을 언급하고 있다.[158] 목관을 짤 때 칠장의 몫은 관의 칠을 하는 것이다. 전통사회에서 관에 칠을 하는 행위는 예禮의 표현이다. 그러나 옻칠이 고가인 특성상, 형편이 어려워 흑칠을 할 수 없는 경우도 많았다. 대신 검은 숯으로 흑색을 칠하여 예를 다하도록 권할 정도로 흑칠은 목관 제작의 핵심이었다.

16세기 장인의 사회상을 살펴볼 수 있는『묵재일기默齋日記』에서는 장인에게 맡긴 작업 내역이 기록되어 있다. 목장에게 맡긴 업무를 보면 책상冊床이나 신주독神主櫝 등이 있다. 이러한 기물은 옻칠이 필수적임에도 목수만을 언급하고 있다. 이는 목수가 일을 받아 백골을 제작한 뒤, 평소 협업관계가 성립된 칠장에게 옻칠을 맡겨 기물을 완성했던 것을 의미한다. 그 외에 칠장만 언급되는 경우도 있다. 주문 내역을 살펴보면 분기粉器 3구나 녹칠漉漆(옻칠액) 등을 요구한다. 이는 옻칠만이 필요한 경우나, 기존 기물에 옻칠만 더하는 경우이다.[159] 즉, 목칠공예품을 주문하는 경우는 대체적으로 목장에게 부탁하여 기물을 받았으며, 칠장에게 부탁하는 경우는 수리 혹은 재료 수급의 경우에 해당했다.

---

158 金長生,『沙溪全書』卷31,「喪禮備要」.
159 이정수,「『묵재일기』를 통해 본 지방 장인들의 삶」,『지역과 역사』Vol.18, 부경역사연구소, 2006, pp. 183 – 232.

2) 칠장의 신분과 처우

장인이 될 수 있는 계층들은 보통 양인良人이나 공천, 사천, 사노가 있었으며 그 외에도 공천으로 편입되어 경공장 또는 외공장으로 소속되었다. 앞서 언급한 『묵재일기』에서도 당시 장인들의 신분은 주로 양인과 노비로 구성되어있는 것을 알 수 있다.[160]

칠장은 이미 삼국시대부터 왕실 내에서 지속적으로 관리되어 왔으며, 조선시대까지 꾸준히 왕실 의물儀物을 제작하는 중대한 역할을 지녔다. 고려시대의 경우에는 공조서와 군기시에 칠장의 활동을 확인할 수 있다. 『고려사』 식화지 공장별사조工匠別賜條를 보면 우수한 기술을 가진 장인들을 지도 및 통제 임무에 관한 기록이 있다. 각 장인마다 별도의 지위와 명칭이 기록되어져 있다. 칠장을 포함한 관청에 소속된 모든 장인들 중 300일 이상 공사公事에 참여한 자들에게 나라에서 별사를 지급했다. 별사는 국가에서 각 해당 관직들에게 맞게 녹봉을 책

표 8. 고려시대 관청 내 소속된 소목장·칠장·나전장 표(참고: 『高麗史』, 『食貨』)

	공조서(중상서)			군기시(군기감)		
	명	지위	녹봉(년)	명	지위	녹봉(년)
소목장	2	지유승지, 행수교위	쌀 10석	-	-	-
나전장	1	지유전전, 행수교위	쌀 7석	-	-	-
칠장	2	좌행수교위, 우행수교위	쌀 6석	2	좌행수교위, 부행수교위	쌀 6석

---

160 『묵재일기』에 기록되어있는 장인들의 이름들 중 성씨가 있는 경우를 양인으로, 그렇지 못한 것은 노비로 추정하고 있다. (이정수, 앞의 논문, 2006, p.190)

정한 규정이다. 현대사회도 그렇듯 녹봉은 직업에 대한 처우를 단적으로 파악할 수 있는 중요한 척도로 볼 수 있다는 점에서 의의가 있다. 『고려사』에 언급된 표를 보면 녹봉은 크게 쌀과 벼로 구분하여 배급했으며, 지위에 따라 차등 지급한 것을 확인할 수 있다. 기초 재료 및 기본 가공을 주로 맡았던 장인들에게는 주로 벼를 지급했으며, 화려한 장식과 세밀한 기술이 요구되는 장인들에게는 쌀을 지급했다.

고려시대 공조서는 궁중에 필요한 장식기물을 제작하던 관청이다. 공조서에는 칠장 2명, 소목장 2명과 나전장 1명이 소속했다. 무기 생산을 담당했던 군기시에 칠장만이 2명 배치되어 있다. 칠장의 활동 범위가 미적 공예품에 국한된 것이 아니라 기능성이 요구되는 무기 제작에도 두루 미쳤다. 칠장에게는 쌀 6석을 지급되었는데, 이는 벼를 녹봉으로 지급받는 장인들에 비해 높은 처우를 받았음을 의미한다. 그 외에 소목장에게는 쌀 10석, 나전장에게는 쌀 7석을 책정했다. 소목장의 임금이 가장 높은 점은 목칠공예품 제작에 필요한 백골을 만드는 역할 외에도 여러 목공예품을 제작했기 때문이다. 주목할 점은 칠장보다 나전장의 임금이 높은 점인데, 이는 당시 고려시대가 불교국가인 점을 고려할 필요가 있다. 불교국가의 특성상 화려한 불구(佛具)를 제작하기 위해 정교한 기술력을 갖춘 장인들이 특히 대우가 높았으며, 나전장도 당연히 포함되었다.

조선시대 『경국대전』의 기록을 보면, 경공장과 외공장으로 칠장이 등장한다. 경공장으로 소속되면 신분에 상관없이 모두 잡직雜職에 들어간다. 소속된 관원들은 모두 1년에 총 4회의 도목都目이 있으며, 관청 내에서 근무하는 경공장에 관한 규정은 아래 기록되어 있다. 몇몇 분야의 장인들은 제작기간 900일이 넘으면 품계가 올라가는데, 이를 공제工製·공조工造라 한다.[161] 이밖에 장인들은 종9품의 공작(工作)을 맡았는데, 칠장도 이곳에 속한다.

> 장인의 수는 「공전」에 나온다. 전원을 2반으로 나누어 근무하게 하고, 제작기간 900일이 되면 품계를 높이되 종6품에서 그치고, 다만 근무 일수만 계산한다.[162]

조선시대에는 중앙에 소속된 경공장과 지방에 소속된 외공장으로 구분하여 관리했다. 목칠공예와 관련된 경공장과 외공장의 기록들을 통해 왕실공예품 제작에 관한 체계성을 파악할 수 있다. 국가에서의 장인의 존재는 왕실의 위의威儀를 갖추기 위한 공예품들을 제작하는 것에 있다. 중앙에는 경공장이라 불리는 129종(수공업 종류)의 장인들(2,841명)이 있으며, 지역 팔도에는 외공장이라고 명명한 27종의 장인들이(3,652명) 존재한다. 외공장은 왕실 내에서 상시로 제작 활동을 했던 경공장과 달리 왕실의 큰 행사가 있을 때에 추가적으로 소용되는 장인들이다. 『경국대전』을 살펴보면 목칠공예와 관련된 외공장의 분포도를 확인할 수 있다. 기록된 바에 따르면, 외공장은 총 27종이 있었으며 목장이 340명, 칠장이 308명으로 확인된다. 목장에 대목장과 소목장이 모두 포함되었다는 점을 고려해 볼 때, 308명의 칠장이 결코 적은 수가 아니었음은 쉽게 짐작할 수 있다.

---

161 공제와 공조는 주로 왕실 최상에 해당하는 공예품 제작을 담당하는 장인들이 맡았다. (능라장, 야장, 환도장, 옥장, 화장, 은장 등의 장인들이 해당된다.)
162 『經國大典』, "匠人啓目公典, 分典番, 仕滿九百加者, 從六品而止."

『경국대전』에 기록된 경공장을 살펴보면, 목공과 칠장, 나전장이 소속된 관청은 모두 7개가 존재한다. 목공의 경우 건축물을 짓는 대목장과 기물을 제작하는 소목장을 모두 포함하여 목장으로 명시되어 있다. 목공과 칠장이 함께 소속된 관청으로는 무기를 제작하는 군기시와 왕실의 국장國葬에 필요한 물품을 공급하던 귀후서歸厚署가 있으며, 칠장과 나전장이 함께 소속된 관청을 보면 공예품 또는 복식과 관련된 품목을 제작하던 공조와 상의원이 있다. 선공감은 토목과 관련된 관청으로, 이곳에 소속된 목장의 경우는 대목장의 영역으로 보아야 한다. 군기시와 귀후서 내에서 제작되는 기물은 주로 무기와 장례에 필요한 물품이기 때문에 장식적인 성격보다는 기능성이 중요시된다. 나전장을 제외한 목공과 칠장이 여기에 배정되게 된다. 공조와 상의원은 기능적인 부분도 요구되나 장엄적 성격을 지닌 왕실 공예품을 제작하기 위해 나전장이 소속되어 있음을 확인할 수 있다.

식기를 시작으로 연여輦輿에 이르기까지 옻칠의 소용 범위는 매우 넓었다. 옻칠은 기능성과 장식성을 모두 아우를 수 있는 재료로 칠장은 거의 모든 기물을 다룬다고 해도 과언이 아니며, 위의 기록들은 칠장의 활동 범위를 방증한다. 칠장의 존재는 한국 공예사에 비추어 볼 때 없어서는 안

도 25. 경국대전 외공장-목장

도 26. 경국대전 외공장-칠장

표 9. 조선시대 관청 내 소속된 소목장·칠장·나전장 표(참고: 경국대전 경공장 편)

	선공감	군기시	공조	상의원	귀후서	교서관	내수사
목공	60	4	-	-	4	2	2
칠장	-	12	10	8	2	-	-
나전장	-	-	2	2	-	-	-

될 장인 중 하나인 것이다.

 왕실의 행사를 기록했던 의궤를 통해 당시 장인에 대한 처우를 확인할 수 있다. 정조의 장례를 기록한 『정조국장도감의궤』에 기록된 지금 내역을 일부 정리해 보면 칠장을 포함한 대부분의 장인들에게 매월 쌀 9두와 무명 1필[163]을 지급했음을 확인할 수 있다. 발인 시기에는 원역員役에게는 매일 양미糧米 3되씩, 장인들에게는 2되씩을 지급한 기록이 있다. 국가의 대례 시 감독을 맡는 별간역[164]이나 계사[165] 또는 서리[166]와 같은 하급 관직이 매월 쌀 6두와 무명 2필을 지급받았다는 점을 통해 장인들이 하급 관리보다 조금 못 미치는 대우를 받았음을 이해할 수 있다.

 왕실에서 오례를 진행하려면 다양한 품목이 다수 제작해야만 했다. 이러한 경우에는 장인들에게 일을 거들어주는 조역助役을 붙여주었다. 각 장인들의 업무가 다르기 때문에 그 일의 양과 공정의 난이도에 따라 조역 수를 정해 두었는데, 이를 통해 각 장인의 입지와 당시 중요시

---

163 국립문화재연구소, 『국역 정조국장도감의궤』 I, 민속원, 2005, p.267.
164 별간역(別看役): 국가의 큰 행사가 있을 시 감독관리를 맡은 임시 벼슬을 의미함.
165 계사(計仕): 조선시대에 호조에 소속되어 회계실무를 담당했던 하급관직을 말함.
166 서리(書吏): 조선시대에 중앙 관청에 속하여 문서의 기록과 관리를 맡았던 하급관직을 말함.

표 10. 『정조국장도감의궤』 요포식

관직	요포/매월
별간역	쌀 9두, 무명 3필
도청의 계사, 녹사, 서리, 고지기	쌀 6두, 무명 2필
각소 및 별공작의 서원 및 고지기	쌀 6두, 무명 1필
각종 공장	쌀 9두, 무명 1필
육조역, 화원, 봉첨군	쌀 5두, 무명 2필
침선비	쌀 9두

표 11. 『정조국장도감의궤』 조역

장인	매	육조역
목수 · 석수 · 옥수	2명	
소목장 · 칠장 · 동이장 · 소로장	3명	1명
나전장 · 각수 · 다회장 · 매듭장	4명	

여긴 분야를 파악할 수 있다. 소목장과 칠장은 3명당 육조역 1명을 붙여주었다. 나전장의 경우에는 4명당 육조역 1명을 붙여주는 등 차이를 보인다. 이는 같은 장인이더라도 제작 환경과 특성에 따라 작업 환경을 개별적으로 조성해 주었던 것이다.

당시 칠장들이 전국적으로 솜씨를 인정받으며 활동했으나, 그들의 삶이 여유롭지는 않았던 것 같다. 경공장의 경우에는 나라에서 주는 녹봉 외에 사적인 작업 활동을 펼칠 수가 없었다. 외공장의 경우에는 사익을 추구할 수 있었으나 그에 대한 세금을 봄과 가을, 총 2회에 걸쳐 내야 했다. 그 외에도 장시場市을 통해 자신의 공예품을 팔던 장인들 또한 세금을 내야 했다. 이처럼 관세의 폐단으로 인해 많은 장인들은 고통을 받았다. 『일성록日省錄』을 살펴보면 칠장수漆匠手가 이에 대해 상언한 기록이 있다. 지방 장인들은 경제 활동을 하면 할수록 관세와 징물의 폐단과 같은 문제들을 지속적으로 마주할 수밖에 없었다. 이는 모두 관청과 상공업자들 사이의 문제였다. 장인들은 이를 피하기 위해 목사牧使와 판관判官들과의 관계에 우호적이기 위해 노력했을 것이다.[167]

저희들의 생업은 소반을 만드는 것에 불과한데 도고가 이익을 빼앗으니 분명히 조사하여 폐단이 없게 해 주소서.[168]

지금까지 문헌 자료를 토대로 칠장뿐 아니라 소목장과 나전장에 대해 살펴보았다. 경공장으로 칠장은 32명이 배치되어 있으며, 공조, 상의원, 군기시, 귀후서에서 널리 활동했다. 외공장으로서 칠장의 경우를 보면 전국적으로 고루 분포한 것을 알 수 있다. 외공장의 분포는 옻칠의 수요가 전국적으로 나타남을 확인시켜 준다. 경공장과 외공장, 그 외의 경우를 포함해 본다면 칠장이 다수 존재했음을 알 수 있다. 칠장은 기물의 기능적인 측면과 장식적인 측면을 두루 아울러 작업하면서 기량을 쌓고 솜씨를 키워냈다.

---

[167] 『黙齋日記』卷7, 1556년 8월 6일. "冶匠姜金伊方督官役云 請解之 乃簡白二道前 受文字 給送."
[168] 『日省錄』, 정조 8년(1784) 8월 20일(계묘). "繕工監漆匠手, 等上言渠等生業不過小盤都庫奪利明查無弊云."

3. 칠장의 활동과 협업

1) 조선시대 칠장 기록

칠공예와 관련된 장인으로는 백골을 만드는 목장, 옻칠을 정제하고 칠하는 칠장, 나전으로 마감장식을 하는 나전장과 접착제를 만드는 아교장阿膠匠 등이 존재했다. 왕실의 체계적인 제도 내에서 목칠공예품 제작은 분업화하여 진행되었다. 목장이 옻칠을 할 백골을 만들어 내면 칠장이 각 공예품에 알맞은 옻칠로 정제하여 칠하게 된다. 나전장은 끊음질과 주름질을 더해 나전장식을 하며, 여기에 아교장이 만든 아교를 통해 도안에 맞게 장식을 마무리한다. 그 외에도 추가적으로 몇몇 장인들이 제작 과정에 투입되어 공예품의 멋을 더하는 데 이바지했다.

소목장과 칠장의 주된 활동 무대는 왕실 행사인 오례五禮로, 장인들은 오례에 사용하는 목칠공예품을 제작했다. 오례 중 가장 대표적인 것으로는 왕과 왕비의 혼인식이라고 할 수 있는 가례嘉禮와 국왕의 장례인 국장을 들 수 있다. 행렬 시 필요한 가마부터 함과 같은 작은 기물까지 칠장의 손길을 거치는 공예품은 상당했다. 이 때문에 백골을 제작했던 소목장과 칠장은 의궤에 빠짐없이 등장하는 장인이었다. 가례도감의궤와 국장도감의궤에 소용된 소목장과 칠장을 정리해 보면, 각 방房에 따라 소용된 장인의 수를 확인할 수 있다.

왕실 행사가 예정이 되면 도감都監이 설치된다. 관련 의물을 제작하는 곳은 크게 일방一房과 이방二房, 삼방三房으로 나뉘며 진행 과정에 대한 모든 사항을 의궤에 기록했다. 이를 통해 어떤 장인들이 왕실에서 어떤 품목을 제작했는지를 확인할 수 있다. 보통 일방에서는 연여와 같이 왕의 행렬에 필요한 운반 용구를 제작한다. 이방과 삼방은 대체

표 12. 영조·정조가례 및 국장도감의궤 소용 소목장 및 칠장 수

의궤 명	제작년도	활동 영역	小木匠	漆匠	眞漆匠
『영조정순후가례도감의궤』	1759 (영조35)	一房 工匠秩	8	7	
		二房 諸色工匠秩	6		5
		三房 諸色工匠秩	4	6	
		別工作 工匠秩	3	1	
		修理所		2	
『정조효의후가례도감의궤』	1761 (영조37)	一房 工匠秩	7	7	
		二房 工匠秩	10	8	
		別工作 工匠秩	3	2	
		修理所		2	
『영조국장도감의궤』	1776 (정조즉위)	一房 工匠秩	7	3	
		二房 工匠秩	4	4	
		三房 工匠秩	4	3	
		分長興庫		1	
		分典設司		1	
		修理所		2	
		別工作 工匠秩	2		
『정조국장도감의궤』	1800 (순조즉위)	一房 工匠秩	8	4	
		二房 工匠秩	6		3
		三房 工匠秩	4	4	
		分長興庫		1	
		分典設司		2	
		別工作 工匠秩	3		

적으로 각 행사와 행렬에 필요한 의장물을 마련하게 되는데, 주로 궤와 함, 배안상 등이 이에 해당한다. 소목장과 칠장의 경우를 살펴보면 삼방 모두 골고루 비치되는 것을 알 수 있는데 이를 통해 옻칠의 넓은 소용범위를 짐작해 볼 수 있다.

의궤에서 칠장 이외에 칠과 관련한 장인으로는 진칠장眞漆匠이 있다. 흥미로운 점은 칠장과 진칠장은 같은 방에 비치되지 않았다는 점이다. 진칠장이 포함된 의궤를 살펴보면, 칠장은 일방과 삼방에서, 진칠장은 주로 이방에 소속되어 있다. 진칠장은 경공장으로 배속되어 있지 않으나, 도감의 성격에 맞춰 어떠한 칠의 종류를 전문적으로 다룰 수 있는 장인임을 추측해 볼 수 있다. 진칠眞漆이라는 명칭을 통해 같은 칠이라고 하더라도 그 종류가 다르며 종류에 따라 정제 기술도 달랐음을 추측할 수 있다. 진칠이 언급된 『비변사등록備邊司謄錄』의 기록을 보면 과거에는 두껍게 칠하던 것으로 진칠을 언급하고 있으며, 지금은 옅게 칠한다고 했다.

> 가례청嘉禮廳의 물건으로서 칠반漆盤은 예전에는 3도度로 하였으나 이제는 2도로 하고 함函 등속도 예전에는 진칠로 하였으나 이제는 농담濃淡으로 하며…[169]

문헌 기록을 통해 진칠은 오늘날 '말칠'이라 불리는 옻칠의 한 종류로 볼 수도 있겠다.

> 생칠 중 9-10월에 따는 것은 말칠이라고 합니다. 10월에 따는 것은 칠은 좋은데 양이 적어요. … 채취되는 양이 적기 때문에 가격도 비싸죠.

---

169 『備邊司謄錄』, 영조40년(1764) 10월 24일(임인). "嘉禮廳物件漆盤, 昔之三度者, 今爲二度, 函之屬, 昔之眞漆者, 今爲濃淡, …."

10월에 따는 것은 말칠이라고 해서 그릇 같은 것에 사용하죠. 그릇에 말칠로만 사용해서 마무리를 해놓고 뚜껑을 닫으면 밑에 것까지 들려요. 그 정도로 칠이 좋아요.[170]

일반적으로 7월에서 8월 중순에 채취하는 성칠은 골회와 상칠용 도료로 쓰인다. 그에 반해 말칠은 9월 초에서 10월까지 채취한다. 말칠은 점도가 가장 높으며 수분이 적다. 건조되는 도말두께가 두껍다는 특징이 있다. 말칠은 다른 칠에 비해 상대적으로 고급 칠에 해당한다. 따라서 진칠장은 일반적인 칠과 달리 까다롭고 귀한 칠 재료를 다루기 위한 고급 인력으로 보인다. 기존의 칠장 외에 진칠장을 따로 두어 관리했을 정도로 왕실 의물 제작에 있어 칠공예의 영역을 중요시했음을 알 수 있다.

도감이 설치되면 각 장인들에게 임시 처소를 제공해 준다. 이를 가가假家라 했는데, 장인의 직종과 작업 기간에 따라 처소의 크기가 다르게 제공된다. 가가의 크기는 장인의 처우를 볼 수 있는 또 다른 대목이라 할 수 있다. 목수가 가장 큰 처소를 가지고 있으며, 진칠장과 칠장이 각각 5칸, 2칸으로 규정되어 있다. 소목장은 가장 작은 크기를 갖추고 있다. 이는 기물 제작에 있어 장인의 활동 범위와 기술력의 난이도를 가늠할 수 있는 순서로 보아도 무방할 것이다.

칠장의 제작 품목을 살펴보면 주로 궤, 함, 소반 등을 찾아볼 수 있다. 소용되는 재료 목록은 당시 장인들이 어떤 재료를 사용했는지 이해할 수 있는 중요한 사료가 된다. 도감의궤에 기록된 함 중 흑칠대함

---

170 전라북도 무형문화재 제13호 옻칠장 이의식 인터뷰(2016년 5월)

표 13. 정조국장도감의궤 목수 · 칠장 · 소목장의 가가

	목수	칠장	소목장
一房의 各種 假家	4칸	3칸	2칸
本所의 各種 假家	9칸	5칸 (진칠장)	2칸

표 14. 도감의궤에 기록된 함(函)에 소요되는 재료

영조정순후가례도감의궤	
흑칠대함 1부	널빤지 1닙, 속새 1냥, 부레풀 2냥, 숯 1되 5홉, 상어 껍질 편, 전칠 1되, 매칠 6홉, 골회와 콩가루 각 1되 5홉, 숯가루 5홉, 홍주 20자, 백지 10자, 풀가루 1되
정조국장도감의궤	
왜주홍칠내함 1부	잣나무 판 1립 반, 부레풀 2장, 전칠 8홉, 매칠 5홉, 왜주홍 2냥, 콩가루 1되 5홉, 홍주 11자, 저주지 4장, 아교가루 1되

1부와 왜주홍칠내함 1부에 소용되는 재료를 정리해 보면, 크게 함을 짤 때 필요한 재료와 옻칠을 위한 소용 재료로 구분할 수 있다. 함을 짤 때 필요한 재료는 '나무, 속새, 부레풀, 숯, 상어껍질'이 있으며, 옻칠에 필요한 재료는 '전칠, 매칠, 골회와 콩가루, 숯가루, 홍화주, 백지, 풀가루'가 있다. 옻칠 작업 시 필요한 재료가 상대적으로 많은 이유는 백골을 제작한 이후 완성 단계까지가 전부 칠장의 영역이기 때문이다. 칠장은 작업 단계별로 칠을 계속 올리며 기물을 완성하고, 이 과정에서 옻칠을 포함한 여러 재료들이 쓰인다.

옻칠의 공정을 살펴보면 크게 백골을 사포질하고, 생칠을 먼저 바른 후 숫돌을 갈아 다시 평평하게 만드는 과정을 반복한 뒤 광을 내는 작업을 거쳐 완성하게 된다. 즉, 홍주紅紬와 백지白紙 · 저주지楮注紙, 아교풀은 '베 바르기' 작업에서 소용된다. 베 바르기 작업은 나무로 제작된 백골이 틀어지지 않기 위함이며 보통 베, 모시, 명주, 종이 등 섬유

질을 가진 천으로 작업한다. 우선 골회를 바른 뒤, 베 바르기를 한다. 건조를 시킨 후 '눈 메우기' 작업이 필요한데 이때 골회와 콩가루, 숯가루 등을 칠과 함께 개어 섬유질의 눈(구멍)을 메워주는 작업을 한다. 다음에 사포질을 하여 면을 곱게 고른 뒤 다시 이 작업을 여러 번 반복한 뒤 정제칠을 또 반복하여 원하는 색상을 올린 뒤 마무리하게 된다.

2) 협업 관계와 지역

칠장이 하나의 공예품을 만들기 위해서는 먼저 채취공採取工에게 옻칠액을 구입해야 한다. 소목장에게는 백골을 주문해야할 것이다. 베 바르기를 위해 방직장紡織匠과 지장紙匠에게 베나 종이를 사 두었을 것이다. 주문자의 취향이나 도안에 따라 색칠色漆에 필요한 안료들을 구하거나, 제작하는 기물의 특성에 따라 나전장에게 나전장식을 부탁할 수도 있다. 나전을 사용할 경우, 나전장은 섭패장攝貝匠을 통해 좋은 나전을 구입하고, 나전을 붙이기 위해 아교장에게 부레풀도 구해야 한다. 이처럼 하나의 공예품은 여러 장인들의 단계별 공정을 거쳐 완성된다.

칠장이 작업에 필요한 칠을 정제하기 위해서는 첫째로 순수한 생칠을 얻어야만 가능하다. 칠장에게 순수한 생칠을 제공하는 이를 채취공이라 부르는데, 채취공은 칠장과 항시 우호적인 협업 관계를 구축해야 하는 장인이다. 채취공은 섭패장(조개 등을 다듬어 자개를 만드는 장인)과 마찬가지로 원재료를 취급하는 장인에 속한다. 원재료를 취급하는 장인들은

도 27. 목칠공예 협업관계

공예품 제작에 기반을 닦는 굉장히 중요한 역할을 지니고 있다. 오랜 세월 속에서 떳떳한 직업으로서 존재해 왔으나 그에 관한 문헌 기록은 거의 전무하다.[171] 전라북도 무형문화재 제13호 옻칠장 이의식 장인의 구술에 따르면 1960-70년대에는 옻칠액을 채취하는 채취공들이 많았다고 한다.

> 나 어렸을 때도 함양에서 온 채취공들이 가장 많았어요. 그때도 와서 같이 밥 먹고, 고기 구워 먹었거든요. … 전국 어디든, 몇 명이서 팀을 이뤄서 다녔어요. 그 사람들이 저에게 채취하는 방법을 가르쳐 준 거죠.

오늘날에는 강원도 원주가 대표적으로 옻칠 생산지로 알려져 있다. 그러나 1960년대만 하더라도 옻나무의 산지는 원주뿐 아니라 옥천이나 함양 등 여러 곳이었다. 국토가 분단되기 전까지는 평안북도 태천 지역에서 생산하는 옻칠액을 제일로 쳤다고 한다. 특히나 과거에는 함양 채취공들이 전국의 옻 채취를 도맡았다고 하는데, 함양 채취공들의 활동 범위가 전국구였다는 점은 주목할 만하다. 이는 함양 부근에 위치한 지리산과 관련이 깊다. 지리산에는 옻나무가 상당수를 차지했으며 지리산을 근거로 다량의 옻나무를 담당하던 함양 채취공들의 기술이 뛰어날 수밖에 없는 것은 당연한 이치이다.

나무그릇을 만드는 공장들은 주로 지리산 기슭인 남원군 산내山內

---

171 이러한 경우는 채취공뿐 아니라, 섭패장, 아교장도 포함된다.

면과 운봉雲峰면에 자리잡고 있다. 특히 금호錦湖공예·지산智山공예 등이 있는 산내면 실상사 앞마을은 옛날부터 목기생산지로 유명한 곳이다. 원료인 목재나 옻이 풍부하기 때문이다.[172]

남원 운봉면과 산내면은 여전히 목기의 명성은 남아 있어, 과거 채취공과 칠장, 목장의 활동을 짐작할 수 있다. 그러나 과거 함양 채취공들의 왕성한 활동을 현재에는 찾아보기가 어렵다는 점이 아쉬울 따름이다. 10년 전부터는 중국산 옻칠액이 다량 수입되면서 상대적으로 싼 값에 쉬이 구입이 가능해져 오늘날 채취공의 모습은 찾아보기 어려워졌다.

나전 역시 칠장과 떼려야 뗄 수 없는 재료이다. 특히 통영 나전칠기라 하면 현재까지도 모르는 사람이 없을 정도로 명성이 자자하다. 통영 나전칠기의 역사는 임진왜란까지 올라간다. 1593년(선조 26) 8월 충무공 이순신이 통제사로 부임 중에 군수물자 생산의 일환으로 관영 공방에서 갖가지 공예품을 만들게 했다. 1603년(선조33) 전쟁이 끝난 다음에도 공방 형식으로 발전되면서 군수물품은 물론 왕실 진상품까지 만들게 된다. 그 이후부터 통영의 특산품으로 나전칠기가 손꼽힐 만큼 발달했다고 한다.

1920년대 기사를 살펴보면, '거십일통영나전칠기직공동맹회去十日統營螺鈿漆器職工同盟會' 또는 '통영나전칠기연구회統營螺鈿漆器硏究會'와 같은 기관이 이미 존재했다. 대부분의 공예단체들이 1950년대를 전후하여 설립된 것을 감안해 본다면, 일제강점기에도 불구하고 통영에 확립

---

172 「山地 찾아서 傳統器物 匠人정신 생활용품서 실감」, 『매일경제』, 1991.02.08. 기사.

된 조직들의 존재는 통영 나전칠기의 오래된 전통을 실감케 한다. 예부터 통영에는 이름난 나전장들이 다수 존재했다. 대표적인 나전장으로 김봉룡金奉龍을 빼놓을 수가 없을 것이다. 그의 아버지는 통영 12공방 중 갓일로 생계를 이었는데, 김봉룡은 아버지를 따라 갓일을 돕기 시작했다. 아버지의 권유로 17세에 나전칠기계에 입문한 그는 당시 통영의 나전칠기 장인 중 한 사람인 박정수朴貞洙에게 나전칠기 기초를 익히고, 이어 두 번째 스승인 전성규全成圭에게 다양한 도안과 기술을 배우게 된다. 1925년 그의 스승 전성규과 함께 파리 세계장식미술품 박람회에서 수상하면서 국내 나전장의 긍지를 세웠다. 이후 1966년 6월 29일 중요무형문화재 제10호 나전장으로 지정되었으며 1994년 노환으로 95세의 나이로 삶을 마쳤다. 그는 평생을 활발한 작품 활동과 후진 양성에 매진하며 1970년대 나전칠기의 전성기를 이끌어 낸 주역 중 한 사람으로 평가받고 있다.[173]

당시 대부분의 장인이 그랬겠지만, 김봉룡 장인의 삶은 그다지 풍요롭지만은 않았다. 1966년 한 신문과의 인터뷰에서 그의 아들은 "우린 반드시 옛 기법대로 신용 있는 물건을 만들고 있기 때문에 시간과 제작비가 남보다 곱먹고, 따라서 값이 비싸지기 때문에 경쟁에 뒤지며 생활이 이날이라는 것이다."[174]라고 했다. 이는 명품과 가짜를 분별하지 못하는 현대사회 속 장인들의 삶을 보여준다.

1960-70년대만 하더라도 칠기의 90%는 일본에서 수입된 카슈를 사용했다. 대부분이 저렴한 카슈를 사용하면서 전통옻칠공예가 사양

---

173 김경미, 「나전장인 김봉룡의 삶과 나전문양」, 『한국 근·현대 나전도안 – 나전장 김봉룡의 도안』, 국립문화재연구소, 2010. 참고.
174 「民藝의 마을 (3) 統營의 螺鈿漆器」, 『경향신문』, 1966.07.04. 기사.

도 28. "나전칠기", 영상물, 24분 41초, 국립영화제작소, 1979

길로 접어가던 상황 속에서도 김봉룡은 옻칠을 고집했다. 그의 공방에서는 주로 서류상자와 담배갑, 원형 소반, 꽃병, 그리고 장롱 등을 다양한 옻칠공예품을 제작했다.

나전장 김봉룡은 작업에만 그치지 않았다. 1951년에 도립기술원강습소를, 1962년 오백만원의 공사비를 들여 2층 건물의 나전공예학원을 세웠다. 그는 집안이 어려운 남아 70여 명을 이수자로 두어 나전칠기 제작에 관해 전승활동을 펼쳤다. 나전공예학원은 훈련기간을 3년으로 두어 기술공을 기르는 방식으로 전환한 것이 특징적이다. 그동안 졸업생은 약 200명에 달한다. 그들은 서울, 대구, 부산 등 각지에 진출하여 나전칠기공으로 왕성한 활동을 이어나갔다. 취직률이 100%에 달했으며, 오히려 인력이 부족한 상황이었다고 한다.[175] 당시 나전칠기의 수요가 엄청났음을 간접적으로 파악할 수 있는 대목이라 하겠다.

> 나는 기술자이다. 조용히 앉아서 작품을 위해 상想을 다듬고 일을 할 때가 가장 행복한 순간이다. 모든 시름을 잊고……[176]

---

175 앞의 기사, 1966.
176 예용해, 『예용해전집 – 인간문화재』, 「나전칠기(螺鈿漆器)」, 대원사, 1997. 참고.

위 글은 故김봉룡의 전언이다. 그의 말은 우리들에게 장인정신이 무엇인지를 다시금 깨닫게 해 준다. 옻칠은 오래 전부터 전승되어온 명실상부한 대표적인 공예기술이다. 옻나무, 백골, 나전 등 다양한 재료는 칠장, 목장, 나전장의 기술을 통해 우리 생활에 꼭 필요한 각종 기물로 탄생하는 것이다. 무엇보다 이렇게 태어난 목칠공예품의 바탕에는 장인들의 협업이 있었다.

4. 목공예와 칠의 관계

1) 옻칠의 성분과 기능

옻칠은 외부의 습기를 흡수하거나 방출하는 기능을 가지고 있어 항상 일정한 수분을 유지한다. 때문에 목기나 금속기류 등에 옻칠을 하면 표면이 견고해 지고 광택이 난다. 또한 오랫동안 사용하여도 변하지 않는 장점을 가지고 있다. 때문에 도료나 약용으로 한국, 중국, 일본 등 고대부터 사용되어왔다.

옻칠은 자연 상태에서 존재하는 도료 중 가장 안정된 특성을 가진 화합물이다. 다른 도료와는 달리 특이한 효소에 반응하는 3차원 구조의 고분자를 형성하고 있다. 옻칠의 주성분은 우루시올이며, 칠산 혹은 옻산이라고도 한다. 이밖에 고무질이나 함질소물질 등을 함유하고 있다. 우루시올은 옻칠 도막을 형성하는 주성분이며, 화학적 구조에 따라 옻칠의 품질이 결정된다. 좋은 우루시올은 견고한 결합과 강합 접착력, 짧은 건조시간은 이루면서도 광택을 증가시킨다. 우루시올은 트리엔triene 성분과 모노엔monoene 성분이 약 80%를 차지하고, 카테

콜catechol 성분은 약 70%를 차지하는 것으로 밝혀졌다.

우루시올에 있는 카테콜 성분은 페놀의 일종으로, 강력한 소독력과 살균력을 가지고 있다. 때문에 목재에 해치는 미생물이나 해충이 접근하기 어렵다. 대표적인 예로는 팔만대장경이 있다. 팔만대장경의 목판이 썩지 않고 잘 보존되어있는 원인에는 여러 가지가 있지만 가장 중요한 원인 중에는 옻칠을 빼놓을 수 없다.[177] 방충력이 뛰어난 옻칠로 인하여 팔만대장경이 보존될 수 있었던 것이다.

옻칠은 각종 산과 알칼리에도 부식되지 않으며, 내염성, 내열성 및 방수, 방충, 방부, 절연의 효과가 뛰어난 내구성 물질이다. 따라서 예로부터 가구, 칠기, 공예품 등에 널리 사용되어 왔다. 옻칠은 기본적으로 목기에 칠하는 것으로 인식되어있다. 그러나 목기는 물론이고 다른 일상생활에 어디에나 활용할 수 있다. 도막의 우수성이 높아 산업분야 곳곳에 사용 할 수 있다. 문구류 및 남성 액세서리 제품을 만드는 프랑스의 명품 브랜드 듀퐁에서도 옻칠 만년필을 만들어 판매했으며, 이후 텀블러나 핸드폰 케이스 등 생활용품에 적용하고 있다.

옻칠은 현대에서 사용하는 페인트와는 달리 식물성 기름을 사용하기 때문에 공해물질을 전혀 만들지 않는다. 게다가 안정된 화합물질로 존재하며, 외부 습도의 변화에 따라서 흡수하고 방출하는 특성도 가지고 있다. 금속류와의 흡착력이 매우 강하여 환경 조건에도 크게 영향을 받지 않는다.[178]

---

177 정진철,『생활 속의 화학과 고분자』, 자유아카데미, 2010, p.294
178 윤용현,『전통 속에 살아 숨 쉬는 첨단 과학 이야기』, 교학사, 2012, p.67

2) 목공예와 칠의 연관성

목공예품에는 반드시 칠을 올려야 형태가 변형되거나 훼손되지 않는다. 때문에 목공예와 칠은 따로 분리해서 생각할 것이 아니라 복합적으로 사고해야 한다. 하나의 옻칠 공예품이 탄생하기 위해서는 많은 복합과정이 필요하다. 여기서 옻칠의 양에 따라 조금씩 차이를 보인다. 옻칠은 칠 두껍게 올려 칠공예품으로 만들거나 목공예품에 생칠을 가볍게 올려 도료로 코팅역할을 하는 기능을 가지고 있다. 목공예품과 옻칠은 필수불가결한 관계라고 할 수 있다. 『신증동국여지승람』에도 서울 시전을 설명하는 대목에서 '칠목기전'이 등장한다. 이곳은 "여러 가지 나무 그릇과 장을 팔기 때문에 장전이라고도 부르며, 무늬 있는 나무장·종이장·방장房欌 따위를 판다. 여러 곳에 있는데, 효경교孝經橋에 지금 가장 많다."라고 기록 되어 있다. 칠목기전은 나무 그릇과 장을 파는 곳을 말하며, 이는 기본적으로 목공예품을 이른다. 그러나 목기전이 아니라 '칠목기전'이라고 이름 붙인 것은 우리 선조들이 예전부터 칠과 목기를 하나로 인식해 왔다는 것을 방증한다.

[표 15]는 『세종실록지리지世宗實錄地理志』에서 옻나무를 토공이나 토산으로 기록되어 있는 것을 정리한 것이다. 우선 옻나무는 조선 8도에서 전부 생산되었던 것을 알 수 있다. 단지 경기도 지역에는 그 생산지가 광주에만 있어 다른 도에 비해 매우 적은 편이다. 광주에 있던 이유는 당시 분원을 광주에 설치할 정도로 소나무가 많았다는 기록을 미루어 짐작하면 그 주변에 산이 많았기 때문으로 생각한다. 표에서 주목해야할 점은 전라도 지방이 전체의 약 45%가량을 차지하는 옻나무 생산지라는 것이다.

전라도 지역은 노령산맥과 소백산맥이 위치해있고 온난한 기후 덕

표 15. 『세종실록지리지』 옻나무 토공 및 토산 목록

도	목, 부	군, 현	도	목, 부	군현	도	목, 부	군, 현
경기도	광주		전라도	전주	진산	전라도	장흥	고흥
충청도	충주	단양			금산			능성
		청풍			고부			창평
		연풍			금산			화순
		제천			금구			동복
	청주	옥천			정읍			옥과
		죽산			태인			진원
		청안			고산	평안도	평양	중화
		아산			영광			강등
		황간		나주	무장	함길도	길주	경원
		청산			남평		경흥	
	홍주	해미			흥덕		부령	
		덕산			장성	황해도	황주	서흥
경상도	경주	양산			순창			봉산
		울산			용담			수안
		대구			임실			곡산
		영일		남원	운봉		연안	평산
강원도	강릉	양양			장수			우봉
		정선			진안			풍천
	원주	홍천			곡성			
	춘천	낭천		장흥	무진			
	회양	이천			보성			
	간성	고성			낙안			

에 아름드리나무가 많아 이를 바탕으로 한 목공예품이 자연스럽게 발전했다. 지리산은 큰 잡목이 많고 북서쪽으로 터진 계곡이어서 나무가 마디지게 자라 잘 트지 않는 장점이 있다고 한다. 북서쪽으로 자라는 나무들은 남동쪽에 비하여 햇빛을 덜 받고 바람이 적게 불어 위로 성장하기보다는 옆으로 비대 생장을 한다. 이러한 생장을 하는 북서쪽의 나무들은 나이테가 치밀하다. 이는 단단한 목재를 얻을 수 있는 조건이다. 가공 후에 잘 틀어지지 않고 건조 시에 터지지 않는다.

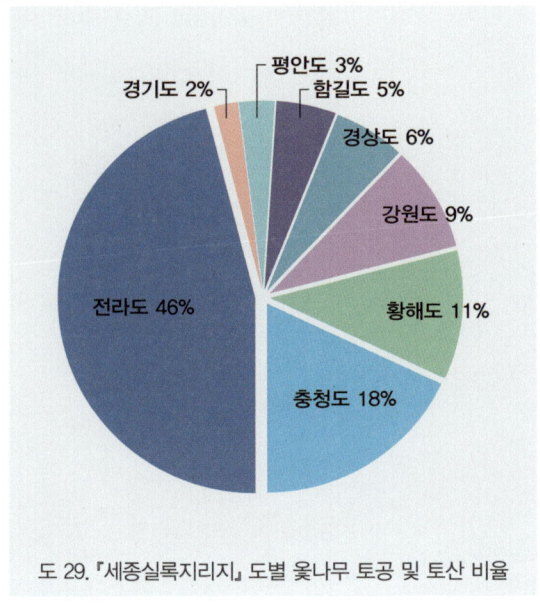

도 29. 『세종실록지리지』 도별 옻나무 토공 및 토산 비율

또한 세공이 쉽고 목질이 견고한 장점을 가진다. 지리산과 가장 인접한 지역인 남원의 산내면과 운봉면이 원료의 공급에서 가장 용이했던 지역이다.

특히나 전라도 전주, 나주, 남원, 장흥 지방이 옻나무 생산지로 꼽히는데, 이곳들은 목공예로 널리 알려진 명산지들이다. 전주는 한지가 유명하여 조선시대부터 닥나무 밭을 따로 만들어 나라에서 관리할 정도였다. 물론 한지는 현재 공예분류에 의하면 지紙분야로 나눠지지만 한지의 원류는 닥나무에서 나온다는 점을 생각하면 큰 범위에서 목공예로 볼 수 있다.

남원은 현재까지도 목기로 알아주는 명산지이다. 남원의 목기는 통일신라시대 산내면 실상사에 있는 승려들에 의하여 바리때나 불기 등의 목기를 제작하면서 유래 되었다고 전해진다. 조선시대에는 『경국대전』에 외공장으로 남원에 목장과 칠장이 배속되어 있었다. 나라에서 필요한 목기를 목장이 제작했고, 다음 칠장이 목기에 옻칠을 올려 내구성을 더했다. 더불어 지리산의 기슭에서 산간수공업으로 농민들에 의해 제작되기도 했다. 이들은 목재를 이용하여 자신들의 생활용품을 만들기도 하고 그것을 팔기도 했다. 즉, 남원의 목기를 만드는 주체들은 승려와 장인뿐만 아니라 농민 또한 생산 주체가 되었던 것이다. 더불어 장흥은 목기로, 나주는 소반으로 저명하다. 이러한 목물들 위에 옻칠을 하여 견고성을 높이고 오래 사용하게 했다.

나무마다 성질이 다르고 이러한 차이점을 염두에 두어 공예품을 다르게 제작했다. 지리산에서는 오리나무, 물푸레나무, 고로쇠나무, 버드나무 등이 자생한다. 지리산에 위치한 남원에서는 오리나무를 가장 많이 사용했는데 특히 탄력성이 강하여 모든 목기 제작에 사용되며 이중 산오리나무는 바리와 같은 식기에 적합했다. 물푸레나무는 탄력성이 오리나무보다 약하나 건조성, 가공성이 좋아 주로 함지박, 필통, 촛대 등을 만들었다.

생칠을 하는 소반은 피나무나 은행나무가 많이 사용되었다. 소반은 수저나 그릇을 올려놓는 이동하는 수단이자, 밥상의 기능을 한다. 하루에 3번 이상을 쓰는 매우 친숙한 일상 공예품 중에 하나이다. 자주 사용하는 만큼 쉽게 자국이 나고 틈이 생긴다. 식사 후, 소반을 행주로 매번 닦을 때마다 피나무나 은행나무는 수분을 머금기 때문에 자국이 사라진다. 반면 소나무는 결은 단단하지만 결이 없는 부분은 약하기 때문에 수분을 함유하지 못하여 자국이 없어지지 않는다. 여기서 칠은 방수나 방충의 역할로서 도료의 구실을 했던 것이다. 반면 좀 더 고급 소반들은 베를 발라 소반을 제작했다.

베를 바르면 자국이 나지 않고 틈이 발생하지 않는다. 소반의 사용 계층에 따라 칠의 방법 또한 달라졌던 것이다. 또한 고급 공예품일수록 나무에 상관없이 베를 바르는 것을 원칙으로 한다. 베를 잘 발라야 나무가 줄거나 늘어나지 않고 자국이 생기지 않기 때문이다.

도 30. 베 바르기(이의식 作)

또한 앞서 살펴본 바와 같이 칠의 수확 시기마다 다른 칠이 생산되는데, 시기마다 적절하게 사용되는 기물들이 있다. 초칠은 주로 베 바르기나 고래 만들기에 사용된다. 성칠은 칠 과정에서 주로 중칠이나 마무리 칠에 사용한다. 10월에 따는 말칠은 가장 좋은 칠로 평가 받는다. 때문에 주로 밥그릇에 사용한다. 그릇을 말칠로만 사용하여 마무리를 하면 뚜껑에 아래의 그릇이 들릴 정도로 질이 좋다. 또한 수저를 사용하다보면 입이 닿는 부분인 테두리가 벗겨지는데, 말칠로 사용하면 박락이 거의 없다. 다만 건조가 조금 더디고 수확양이 적기 때문에 가격이 높다는 점이 단점이다.

또한 황칠은 예로부터 우리나라산이 가장 으뜸으로 꼽혔다. 한국산이 가장 색이 좋고 한번만 칠해도 색이 올라온다. 반면 중국이나 일본 같은 경우는 2-3번씩은 칠해야 우리나라 황칠과 색이 비슷해진다. 황칠은 종이나 금속에 칠하기 적합하고 목기 중에서도 함과 같은 종류가 좋다. 황칠은 내구성이 약하고, 향이 강하기 때문에 식기에는 사용하지 않는다.

앞에서도 언급했듯 목공예품은 칠공예와 분리하여 생각할 수 없다. 조선시대 칠목기전이라는 명칭에서도 드러나듯이 선조들의 인식 속에서도 칠 기술과 소목 기술은 아울러 사용되는 공예 기술로 자리 잡고 있었다. 칠은 목물의 기능적인 면을 보완해 주며, 목물은 칠의 바탕이 되는 기물이다. 칠과 목이 함께 했을 때, 비로소 하나의 공예품이 탄생하는 것이다.

7장
지역성과 명산지

1. 문화적 환경과 구조

우리나라는 각양각색의 나무가 자생하기에 적합한 자연환경을 지니고 있었다. 견고한 재질과 아름다운 결을 가진 나무를 주변에서 쉽게 구할 수 있던 탓에, 나무는 각종 생활기물을 만드는 재료로 다양하게 사용되었다. 주거공간에서 요긴하게 사용되어 온 가구의 대부분이 목재로 제작된 것 역시 재료를 얻기 쉽고, 다루기 용이한 나무의 특징에서 비롯된 것이다.

우리의 삶에 더 밀접하게 닿아있는 생활용품으로써 가구가 자리 잡게 된 것은 조선시대에 접어들면서부터이다. 조선 중·후기에 이르러 문화적 각성과 부흥, 상업발달에 따른 가구의 양산과 유통, 소비취향 형성 등 다양한 요인으로 가구가 광범위하게 보급되면서 당대의 삶을 반영하는 문화적 산물로써 가구의 제작이 성행하기 시작한다.

가구 문화의 확산은 당시 상업중심지였던 한양 시전市廛의 종류와 판매품목에서 확인된다. 조선시대에는 시집갈 딸을 위해 오동나무 한 그루를 심어 혼수용 가구를 제작하거나 사랑채에 좋은 솜씨를 가진 장인을 불러 한 달포씩 필요한 가구를 제작하던 방식이 일반적이었다. 그러나 18세기에 들어서면서 기존의 주문제작방식에서 점차 벗어나 기성품 가구가 제작되는데,[179] 이는 조선시대 사회·경제 체제의 변화와도 일정부분 궤를 같이한다.

양난 이후 붕괴된 관영수공업 체제로 수공업은 상인자본에 의해 점차 민영화되는 양상을 보인다. 전문기술을 가진 사장私匠의 증가는 상업의 발달, 도시의 성장, 화폐의 유통 등의 혁신에 힘입어 주문생산에서 상품생산으로, 제품판매를 위한 시전의 개설로 성장을 거듭하면서 조선 전기의 수공업 활동과는 다른 전혀 새로운 모습을 보여준다.[180] 이러한 상공업 체계의 변화는 당대 사람들의 가구 수요에 부응하여 점차 소비시장을 확대해나갔으며, 조선가구 문화는 이전보다 대중화되는 국면을 맞이한다.

17세기 말, 한양 일대에 자리 잡고 있던 시전이 민간의 수요를 위한 상품판매 중심으로 성격을 변화하면서 수많은 시전이 새롭게 창설되기 시작하였다. 18세기 말에 이르면 상품 유통량의 증가와 새로운 소비품의 등장으로 130여 개에 달하는 시전이 증설되는데,『만기요람 萬機要覽』에서 가구와 제작에 소용되는 재료를 판매하던 시전의 기록을 찾아볼 수 있다.

정확한 수를 가늠하긴 어려우나 궤, 장롱 등의 가구나 칠을 더한 각종 목물을 판매하던 칠목기전은 한양의 이곳저곳에 위치하였다. 조

---

179 김삼대자,「한국의 전통 목가구」,『나무의 방』, 서울역사박물관, 2007, p.7.
180 한영국,「商工業 발달의 시대적 배경」,『한국사 시민강좌』Vol.9, 일조각, 1991, p.2.

표 16. 18세기 목가구 관련 시전 위치와 판매품목

시전명	위치	판매품목
상·하목기전(上·下木器廛)	- 상전 : 육조 앞 - 하전 : 이현	목기류 판매
칠목기전(漆木器廛)	- 여러 곳에 위치하나 효경교(孝經橋)에 가장 많음.	각종 칠목기, 궤, 장롱 등 판매
마포칠목전(麻浦漆木廛)	- 마포	목재류 판매
철물전(鐵物廛)	- 여러 곳에 산재 함.	주물을 한 각종 철물

선가구의 주재료인 목재를 판매하는 상점과 가구를 장식하는 각종 장석 따위를 만들던 상점도 점차 그 수를 늘려갔다. 이는, 당시 가구에 대한 수요가 높아짐에 따라 전문적으로 상품을 생산·판매하는 장인과 상인들의 활동이 본격화된 것을 보여준다.

기성 가구의 등장은 가구의 제작방식과 형태에도 변화를 가져왔다. 주문하는 사람의 안목이나 취향이 상당수 반영되었던 이전 시기보다 작업의 편리성 등이 제작에 크게 영향을 주게 된 것이다. 실제로 쇠목, 동자주 등의 기둥이 굵어지고 알갱이의 화장재는 얇아졌으며, 동자는 꾀동자와 헛동자의 사용이 증가하는 양상을 보인다. 또한, 금속장식을 과다하게 부탁하는 경향이 나타나기도 했다.[181]

조선가구 문화의 양상은 『산림경제』, 『증보산림경제』, 『임원경제지』 등과 같은 유서(類書)의 기록에서 엿볼 수 있다. 유중림은 『증보산림경제(增補山林經濟)』 「가정」편 '살림살이 준비하기[備器用]'에서 "집안에서 날마다 쓰는 기물을 하나라도 준비치 않고 매번 남에게 빌리기는 매우

---

[181] 김삼대자, 앞의 글, 2007, p.7.

표 17. 『증보산림경제』에 기록된 생활공간별 나무로 제작된 가구 및 기물

구분	가구	생활기물
부엌에 두는 살림살이 (廚中雜物)	찬장(饌欌), 뒤주(斗支), 소반(盤), 사철나무 소반(杻骨盤)	나무통(木桶), 나무절구(木臼), 절구공이(杵), 목마(木磨), 평미레(槪), 말과 되(斗升), 목이박(木耳朴), 대나무 체(竹籂), 사철나무 소쿠리(杻骨籠)
안방에 두는 살림살이 (房廳器用)	나무책상(木机), 문갑(層卓子), 탁자(卓子), 옷장(衣欌), 빗접(梳貼)	상자(箱, 筐), 자(尺)
사랑방에 두는 살림살이(齋中器用)	서안(書案), 평상(平床), 팔걸이(依枕), 가께수리(倭櫃), 대나무 고비(竹高飛), 나무좌탑(木坐榻), 책장(書欌), 매화나무 장롱(梅欌), 약궤(藥籠)	거문고(琴), 퉁소(洞簫), 대나무 고비(竹高飛), 무늬목을 사용한 벼룻집(硯匣), 대나무로 만든 연적(硯滴), 대나무 발(竹簾), 나무나 사기로 만든 세숫대야(盥盆), 대자리(竹細簟), 나막신(木履), 나침반(輪圖), 지팡이(杖), 우산(雨傘)

어렵다. 곧 힘이 되는 대로 서서히 만들어 두되 편리하고 정밀하며 견고한 것을 위주로 한다."고 말하며, 생활공간에 필수적으로 구비해두어야 할 물건들을 세세하게 기술하였다.[182] 『증보산림경제』에서는 안방, 사랑방, 주방 등 생활 주체별 주거공간에 따라 가구의 종류를 분류하여 기록하고 있는데, 집안에 긴요하게 갖추어야 할 기물 중 나무로 제작한 가구와 각종 생활기물을 정리해보면 [표 17]과 같다.[183]

---

[182] 『增補山林經濟』, 「家庭」, 下, "家中日用罙物一有不備則每每借人甚難便必随力徐徐造置而以便利精固爲主"
[183] 『增補山林經濟』, 「家庭」, "○ 廚中雜物 大鼎 中鼎 小鼎 大釜 鑪口 鍮鐺 鍮量盆 煮醬器 酒煎子 鍮卜子 匊伊 食刀 膾刀 飯盂 湯器 大楪 小楪 匙 箸 甫兒 鐘子 木桶 周揭 東解 所羅 者朴伊 大缸 中缸 小缸 (丹之 壺 盆子 大瓮 中瓮 小瓮 大盆 羔兒里 酒槽 地雄 木臼 杵 瓠瓢 淘 齒瓠 石磨 膠磨 箪 刷子 沙郞 磨豆廣石 木磨 槪 斗升 斛 饌欌 斗支 木耳 筬 箕 篩 竹篩 古里 行擔: 炙鐵 甕金伊 火箸 瓦鑪 土鑪 石鼎 石罐 鐵杵 盤 杻骨盤 杻骨籠 甑 ○ 房廳器用 籠, 箱, 筐, 筒, 木机, 層卓子, 卓子, 衣欌, 剪刀, 尺, 鏡, 梳貼, 奩具 ○ 齋中器用 琴 洞簫 書案 平床 依枕 倭櫃갓게소리 燈檠 書燈 鑪 香爐 香盒 火箸 硯 硯匣(用紋木不用粧飾) 硯滴(用大竹促節者爲之ㅁ用小竹抽之) 砂硯滴 筆筒) 竹高飛 木坐榻(以奇怪木

이렇게 다양한 사회, 경제, 문화적 요인에 의해 보편화된 조선가구의 일정한 형태와 구조는 정치사회의 변혁기인 일제강점기까지 이어졌다. 이는, 외래의 생활문화가 유입되었다 하더라도 주거공간이나 의생활이 조선시대와 크게 달라지지 않았기 때문에 조선가구의 정형성이 기본적으로 유지된 것으로 보인다.[184]

2. 재료의 산지와 명산품(名産品)

공예는 자연이 주는 재료에서 출발한다. 전통사회에서의 공예는 지역에서 산출되는 고유한 재료를 기반으로 자연스레 그 소재를 능숙하게 다루는 기술이 발달하면서 제작되었다. 좋은 공예품이 만들어지기 위해서는 재료의 생산이나 채취가 용이하고, 이를 가공할 수 있는 환경적 요인들이 갖추어져야 한다. 예를 들어, 좋은 한지가 생산되는 지역은 재료가 되는 닥나무를 구하기 쉽고, 이를 표백하기 위해 맑고 깨끗한 물이 흐르는 곳이다. 여기에 솜씨 좋은 기술을 가진 장인의 기술력이 더해져 우수한 품질의 상품을 생산할 수 있게 된다.

공예는 재료의 공수가 수월한 집산지를 중심으로 이를 제작하는 장인들의 활동이 활발하게 이루어지면서, 특정 지역에 전문화된 제작

根鋸截平頭佳) 花瓶 書欌 梅欌 屛 簇子 竹簾 盥盆(惑木或砂) 碁局 竹皮方席 蒲花褥 土猪皮褥 竹細簟 壺 觴 羽扇 羽箒] 冠 竹絲 麻鞋 木履 麈尾 鐵如意 藥罐 夾刀 鑪鐵 藥杵臼 藥篩 藥籠 藥秤 藥碾 輪圖 量天尺 中星儀 茶罐 茶鐘 火鐵 火石 杖 剪板 簑衣 蒻笠 雨傘"
184 박종민, 『목가구 나무에 생명을 더하다』, 연두와파랑, 2011, p.18.

기술이 축적되게 된다. 소반, 장, 칠기 등 목공예품이 특정 지역의 명산물로 오늘날까지 명성을 떨치게 된 연유도 여기서 찾을 수 있다.

아쉽게도 조선시대 문헌에서 목재 산지의 기록을 확인하기는 어렵다. 앞장에서 살핀 바와 같이 『임원십육지』, 『규합총서』, 『오주연문장전산고』에서 함흥과 강계의 소나무와 가래나무 판재, 삼척과 안동의 송판, 서산의 문송, 삼척의 판자, 울릉도의 오동, 의주의 유삼 등 지역별 특산 목재를 간략하게나마 찾을 수 있으며, 이익의 『성호사설』에서 "영서嶺西의 소나무 재목이 좋기는 하나 영동嶺東 것만은 못하다."[185]는 정도의 내용을 볼 수 있다. 이는 주변에 흔히 자라는 나무를 즐겨 사용했던 당시 제작환경의 특성으로 보이는데, 다행스럽게 목공예의 대표적 마감재인 칠의 산지에 관련한 기록은 조선시대 전반에 걸쳐 각종 지리지에서 확인된다. 조선전기, 후기를 대표하는 『세종실록지리지』, 『여지도서輿地圖書』를 토대로 이름난 목물 생산지와 옻칠 산지의 연관성을 살펴보자.

지역 생산 품목을 가장 자세히 다루고 있는 『세종실록지리지』에서는 지역의 토질에 적합한 작물을 수록한 「토의」, 공물로 바치는 토산물을 수록한 「토공」조에서 옻칠의 기록이 보이며, 『여지도서』의 경우 지역에서 생산되는 토산물의 기록인 「물산物産」조에서 관련 내용이 확인된다. 이를 현재의 행정 단위별 지도에 표기하면 다음과 같다.

---

[185] 『星湖僿說』, 「生財」, "嶺西美松材猶不及嶺東."

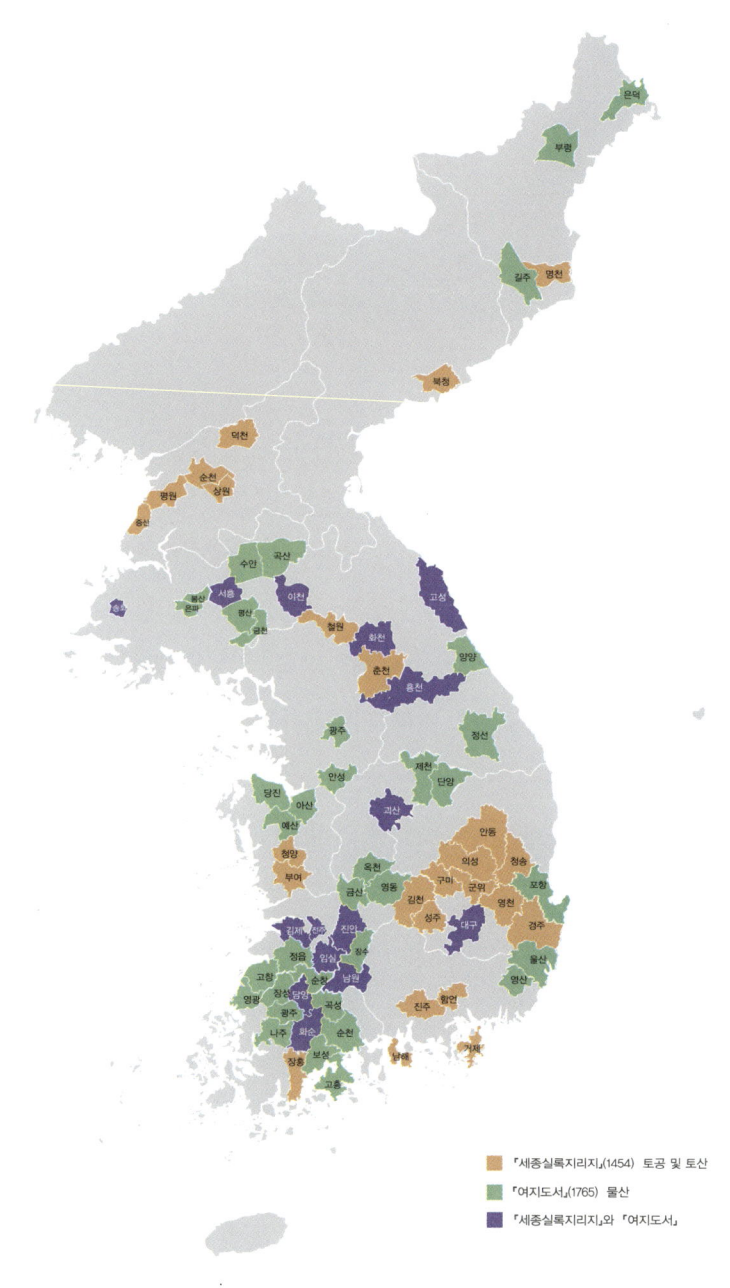

도 31. 『세종실록지리지』와 『여지도서』에 기록된 전국 옻칠 산지 분포도

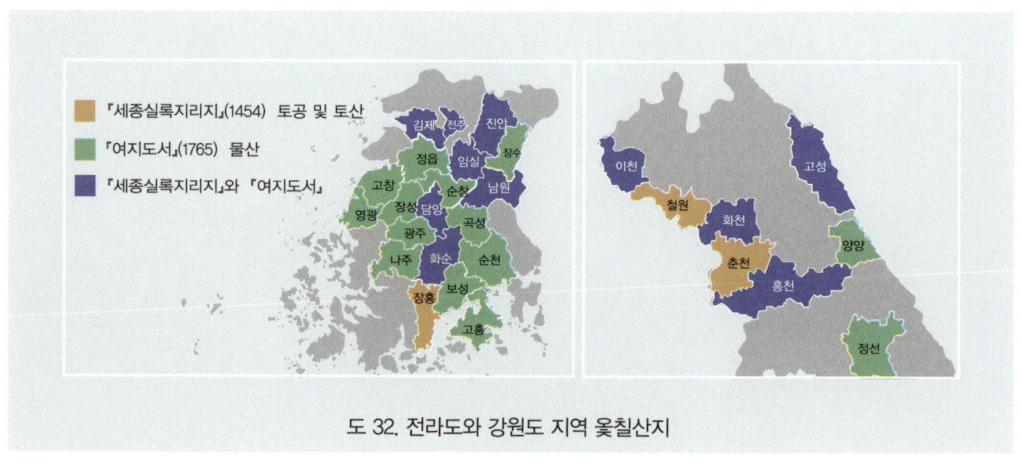

도 32. 전라도와 강원도 지역 옻칠산지

　조선시대 옻칠 산지는 전국적으로 분포되어 있으며, 전라도, 경상북도, 강원도 일대에 보다 밀집되어 있다. 특히, 산맥을 끼고 있어 풍부한 산림자원을 이용해 각종 목물을 제작할 수 있었던 전주, 나주, 남원 등의 전라도 지역과 강원도 일부 지역은 근대기까지도 목공예 명산지로 유명세를 떨쳤다.

　1927년 조선총독부에서 간행한 『조선의 물산朝鮮の物産』은 조선 물산의 종류, 성질, 분포, 생산, 무역, 거래 등의 상황을 밝히는 것을 목적으로 만들어졌다. 이 책은 조선시대부터 당시까지의 문헌을 검토하고, 각 지역에 대한 각종 기록을 모아 연구하여 조선의 물산에 대한 변화상을 이해하는데 크게 참고할 만하다.186 『조선의 물산』에서는 조선의 주요 목공품으로 목기를 꼽으며, 전라북도 남원과 강원도 인제지방을 저명한 산지로 밝히고 있다. 심지어 남원과 인접한 경상남도 내에서 제작되는 목기의 대부분이 남원의 것과 닮아 남원목기라 일컬어졌다

---

186 朝鮮總督府, 『朝鮮の物産』, 「序」, 朝鮮印刷株式会社, 1927.

고 하니, 목기의 명산지로써 남원의 위상은 대단했다. 일명 운봉완雲峰椀이라 불리는 옻칠髹漆한 발우부터 제기, 밥그릇, 반상기, 찬합, 재판灰板, 나막신 등 각종 목기와 목물이 제작되었는데, 당시 남원의 목기 생산액은 1년에 이만 원二萬圓에 달했으며, 지역 사람들의 중요한 생업이 되었다.[187]

좋은 목재와 옻칠의 공급이 유리했던 남원의 지리적 요건으로 제작된 맵시 있는 목기가 지역을 대표하는 명산물로 자리 잡게 된 중요한 요인으로는 장시의 발달을 빼놓을 수 없다. 조선후기 대동법의 실시로 상품유통이 다양한 형태로 증가하고 지방 장시가 확장되면서 수공업 활동은 더욱 활기를 띠기 시작한다. 여기에 관영 수공업 체계의 붕괴로 자유로운 생산 활동을 하게 된 장인들의 노동력이 더해지면서 종이, 칠기, 죽세공품, 도자기 등 각종 공예품 생산은 박차를 가하게 된다. 시장권이 확대되면서 지역간의 상품거래는 더욱 긴밀해졌으며, 상인들의 순회도 활발해졌다. 각 지역을 대표하는 특산물이 전국적으로 광범위하게 유통되면서, 지역의 명산물이 보다 확고히 자리를 잡게 된다.

『임원십육지』에서는 19세기 각 지역의 장시에서 거래되고 있는 상품을 소개하고 있다. 장시에서 거래된 모든 상품을 망라하였다고 보기는 어려우나, 일정 규모의 거래량이 있던 품목들을 수록한 것으로 보인다. 당시 1,052개의 장시 가운데 352개의 주요시장에서 거래된 대표

---

[187] 朝鮮總督府, 앞의 책, pp.387 – 388. "朝鮮に於ける木工品中主要なるのを木器とし, 全羅北道南原及び江原道麟蹄地方はその産地として著名である. 南原の木器は智異山より出づるもので, 隣接慶尙南道內に於いて製作せらるものが, その大部分を占むるけれども, 製品の多くは南原に出づるを似て特に南原の木器と稱せられて居る, 南原の木器は, 今やその生産額一箇年二萬圓に達し, この脂肪山間部落に於ける重要な生業である."

적인 상품은 곡물, 직물, 가축, 수공업품 등으로 구분된다.

그러나 실제 『임원십육지』의 목기 거래 장시의 분포를 보면, 관서지역에 집중되어 있는 것으로 확인되는데, 장시의 거래 품목이 목공예품 명산지와 일치하지 않는 이유는 다음과 같이 이해할 수 있다. 조선시대에 상품을 취급하며 장시에서 거래하는 역할은 직접 생산자인 농민과 수공업자, 그리고 상인들이 담당하였다. 장시가 열리는 지역에서 생산되는 것은 자연스레 수공업자, 농민과 같은 생산자와 소비자가 직접 교역하면 되는 일이었다. 그런데, 칠기, 유기, 종이, 자기 등 일부 수공업품은 모든 지역에서 생산되는 것이 아니었다. 이에 상인들은 장시를 순회하며 각 지역에서 나오는 특별한 상품을 공급하였고, 상인들은 이들 상품이 생산되는 곳에서 비교적 낮은 값에 물건 구매해 생산되지 않는 지역을 순회하며 높은 값으로 팔아 이익을 챙겼다.[188]

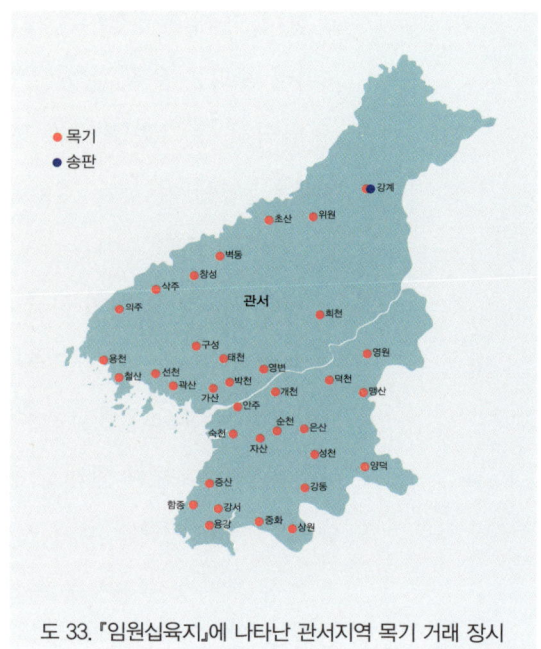

도 33. 『임원십육지』에 나타난 관서지역 목기 거래 장시

관서지역의 장시에서 목기의 거래가 많이 이루어졌던 것 역시, 이러한 맥락에서 이해할 수 있다.

---

[188] 김대길, 「조선후기 장시의 발달과 장꾼」, 『실천민속학연구』 Vol.6, 실천민속학회, 2004, p.304.

3. 반닫이의 지역성

지역성은 다양한 층위의 사람들이 일정한 지역에서 생활하고 존속하는 과정 속에서 자연스럽게 축적되어 해당 지역만이 가지는 독특한 정체성이다. 전통사회에서의 공예는 본질적으로 지역성을 지니고 발전하였다. 각 지역의 풍토와 생활양식으로서의 의식주 및 이들의 필요를 충족시키는 소재의 조건에 따라 다양한 특성이 생기기 마련이었기 때문에, 전통사회에서의 공예는 지역성이 두드러질 수밖에 없었다.

공예품의 지역성은 조선가구 중 가장 오래된 역사를 지닌 반닫이에서 가장 두드러진다. 안방, 사랑방, 대청 또는 광이나 다락에서 다양하게 쓰였던 수장가구인 반닫이는 의복뿐 아니라 귀중문서나 잡다한 물건을 보관하는 기능을 가지고 있다. 조선시대 반닫이는 양반에서 서민층까지 모든 가정에 필수적으로 갖춰두던 세간살이로 당대 생활양식에 따른 목가구의 지역성을 명확히 보여준다.

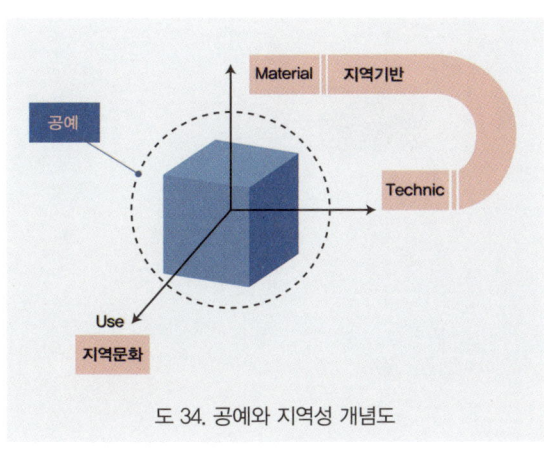

도 34. 공예와 지역성 개념도

반닫이가 가진 용도는 크게 변함이 없으나 각 지역의 수목 분포에 따른 목재의 재질뿐만 아니라 장석의 재료, 형태, 배치 등에서 차이를 보이며 주거환경, 의복 등 지역별 생활양식에 영향을 받아 고유한 형태를 가지게 된다. 이러한 까닭에 각 지역의 명칭을 붙여 반닫이를 분류하는 것이 일반적이다.

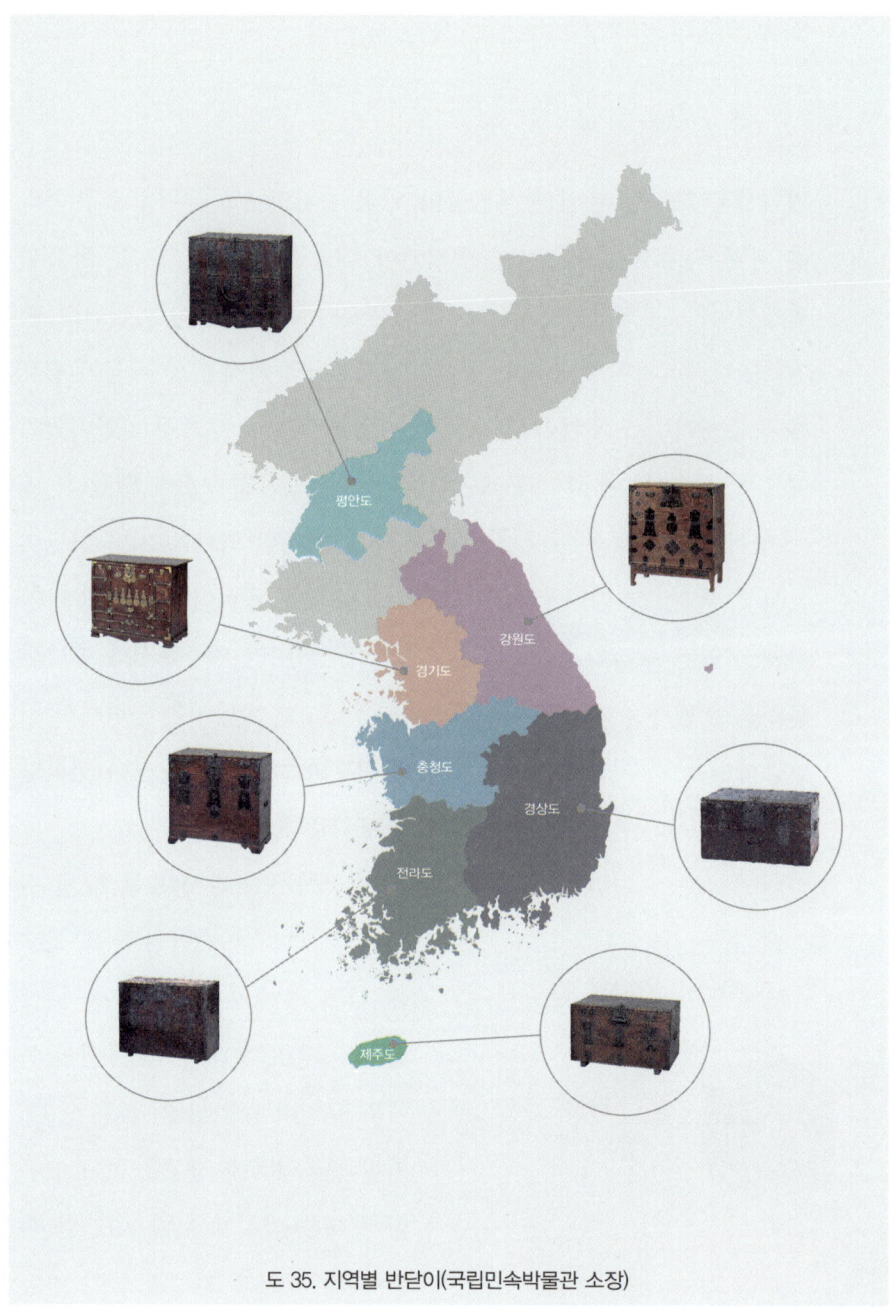

도 35. 지역별 반닫이(국립민속박물관 소장)

반닫이를 획일적으로 구분 짓기는 어려우나 몇 개의 문화권으로 나누어 보면 평안도 반닫이, 경기도 반닫이, 강원도 반닫이, 충청도 반닫이, 경상도 반닫이, 전라도 반닫이, 제주도 반닫이 등 크게 7개 지역으로 분류해 볼 수 있다.

1) 평안도 반닫이

북쪽 지역을 대표하는 평안도 반닫이는 추운 기후적 요건으로 두꺼운 의복을 보관해야 했기 때문에 반닫이의 규모가 크게 나타나는 특징을 보인다. 특히, 평안도 반닫이에는 금속장식이 많이 사용되었는데, 박천과 평양 지역의 반닫이에서 이러한 특징이 잘 드러난다.

평안북도 서남단에 있는 박천은 청천강을 바로 건너 영변과 분진 등으로 통하는 관문으로, 상업과 정치, 교통, 경제상에 중요한 위치에 있는 도시이다. 외래문화의 영향을 쉽게 받았던 탓에, 다른 지역과 구별되는 독특한 형태를 가진 반닫이를 생산하였다.[189]

박천 반닫이는 피나무로 제작된 것이 대부분이다. 피나무는 나뭇결이 거의 드러나지 않고 재질이 연해 쪼개지기 쉬운 반면, 트는 일이 없고 북쪽 지방에서 쉽게 구할 수 있던 까닭에 박천 지역의 반닫이 재료로 많이 사용되었다. 전면을 금속장식으로 덮어 제작한 박천 반닫이의 특징은 구조적으로 약한 목재를 보완하고자 한 데서 연유한 것으로도 볼 수 있다. 특히, 박천 반닫이의 장석은 전면을 투각한 형태가 일반적인데 구멍이 숭숭 뚫렸다하여 숭숭이 반닫이라는 별칭으로도

---

[189] 이금란, 「朝鮮時代 後期 반닫이에 關한 硏究 : 地方別 特性과 民家內 使用性을 中心으로」, 이화여자대학교 석사학위논문, 1987, p.30.

불린다.

　조선에서 손꼽히는 상업도시였던 평양은 경제적 윤택함에 힘입어 풍부한 문화를 발전시켰다. 전면 가득 백동장식을 화려하게 뒤덮은 평양 반닫이의 생김새는 당대의 풍류를 대표하는 평양지역의 면모를 고스란히 보여준다. 주로 느티나무, 호두나무, 피나무 등을 두텁게 가공하여 목재로 사용하였으며, 배가 불룩한 약과형(장방형) 광두정이 다른 지역에 비해 많이 부착된 것이 특징이다.

2) 경기도 반닫이

　조선의 도읍지 한양이 위치했던 경기도는 일찍부터 도시가 발달한 덕에 일찍이 지역문화를 피워낼 수 있었다. 이러한 까닭에 경기도 반닫이는 다른 지역에 비해 지역적 특성이 뚜렷하게 나타난다. 경기도 반닫이는 굽이 없는 호리병 모양의 경첩과 동·식물문양을 사실적으로 표현한 배꼽장식이 많으며, 다른 지역의 반닫이에 비해 동장석이 많이 나타나는 것이 특징적이다. 구조적 특징으로는 반닫이와 장의 기능이 복합된 형태가 많이 보인다.[190]

　경기도의 강화, 개성, 남한산성은 반닫이로 이름난 지역으로 꼽힌다. 이들 중, 강화 반닫이는 일반적인 경기도 반닫이와 다른 특징을 지니는데, 강화 반닫이만의 독특한 무쇠장석이 바로 그것이다. 강화 반닫이에 투각된 무쇠장석은 박천 숭숭이 반닫이의 장석 보다 매우 정교한 투각 기술을 보여주며 한층 정갈한 느낌이 돋보인다.

190　국립민속박물관, 앞의 책, 2004, p.281.

3) 강원도 반닫이

강원도 반닫이는 천판과 양측 널 및 바닥 널 네 귀를 사개물림으로 견고하게 짜 맞춘 후, 전면 판재를 끼워 넣어 고정하는 구조를 가진다. 마치 액자처럼 문판이 몸통 안으로 들어가는 형식은 강원도 반닫이가 가진 독특한 특성이라 할 수 있다. 목재는 대부분 소나무가 주종을 이루며, 단조한 무쇠나 철판으로 제작된 장석은 크기가 크고 투박한 것이 특징이다. 강원도 반닫이는 비교적 높고 크기가 큰 형태로 내부에 서랍이 달린 경우가 많은데, 강원도 지역에서 장이나 농을 대신해 반닫이를 사용했던 것으로 추측할 수 있다.

4) 충청도 반닫이

충청도 반닫이는 다른 지역에 비해 지역의 특이성이 거의 드러나지 않는다. 충청도 반닫이는 전반적으로 장석의 수가 적고, 형태도 매우 단순해 전라도나 경기도 지역의 반닫이에 비해 세련되고 화려한 맛이 느껴지지 않는다. 주로 소나무, 오동나무를 재료로 사용하였는데, 기물 자체가 둔한 느낌을 주며 형태가 그리 크지 않은 것이 특징이다.

다른 지역에 비해 충청도 반닫이만의 특징을 찾기 어려운 이유는 평안도나 남부지방보다 내륙 깊숙이 자리 잡아 비교적 안정된 생활을 영유할 수 있어, 이동이 쉬운 반닫이보다 농이 더 발달했기 때문으로 보인다.[191]

---

[191] 이금란, 앞의 논문, 1987, p.38.

5) 경상도 반닫이

경상도 지역에서 반닫이로 이름난 지역은 북부의 예천, 상주, 안동, 경주 등지와 남부·해안 지역의 밀양, 양산, 언양, 김해, 진주, 통영, 남해 등지를 꼽는다.[192] 이러한 까닭에 경상도 지역은 밀양 반닫이, 통영 반닫이, 진주 반닫이 등 보다 세부적인 권역별 특성을 강조해 반닫이를 분류하기도 한다. 경상도 지역의 반닫이는 공통적으로 다른 지역의 반닫이보다 높이가 낮게 나타나는데, 세로와 비교해 가로의 폭이 넓은 비례감을 가지게 되어 한층 더 낮은 인상을 준다.

경상도 반닫이를 세분화해 살펴보면, 안동이나 경주 등 경상도 북부 지역은 장석이 단순화되고 경첩과 앞바탕은 주로 제비초리 형태가 많이 나타나며, 상주 반닫이는 액자형 구조의 강원도 반닫이와 닮아 있는 것을 볼 수 있다.[193] 밀양 반닫이는 세밀하게 문양을 투각한 무쇠 장식을 전면에 달아 정교하면서도 견고한 느낌을 주며, 경첩이 4첩으로 달린 독특한 모습도 볼 수 있다.

6) 전라도 반닫이

전라도 반닫이는 기물에 부착된 장식의 수가 적고, 장식이 차지하는 면적 또한 크지 않아 전체적으로 안정적인 느낌이 들며, 구조적으로는 내부공간에 서랍과 선반을 두어 수납기능을 세분화하여 기능성을 높였다. 전라도 반닫이는 권역에 따라 전주 반닫이(전주, 익산, 김제, 부안, 임실, 남원 등지), 나주 반닫이(나주, 정읍, 고창, 담양, 광주, 영광, 함평 등

---

192 국립민속박물관, 앞의 책, 2004, p.284.
193 국립민속박물관, 앞의 책, 2004, p.284.

지), 남부 해안 반닫이(목포, 해남, 장흥, 여수, 순천, 광양 등지)로 크게 나눌 수 있다.

전주와 나주 반닫이는 장석의 형태를 단순화하고, 기능적으로 필요한 부분에만 장석을 달아 그 수량을 최소화하였다. 전주 반닫이는 약과형 장석, 나주 반닫이는 보상화형 앞바탕이 주로 사용되었으며, 공통적으로 제비초리형 경첩이 부착되었다. 남부 해안 반닫이는 비교적 넓은 형태의 쌍버선형 혹은 실패형, 인동초형의 장석이 사용된 것이 특징이다.

7) 제주도 반닫이

제주도 반닫이는 주거형태의 발전과 함께 기능 위주의 단순한 형태에서 장식성을 더한 반닫이로 점차 변화하였다. 초기 형식의 제주도 반닫이는 자귀나 톱자국이 표면에 남아있을 정도로 거칠게 가공한 목재로 제작해 투박한 느낌을 주는 것이 특징이다. 장석의 숫자도 매우 적어 함이나 상자에 더 가까운 형태로 보인다. 후기 형식의 제주도 반닫이는 전라도 반닫이의 영향을 받은 것으로 보이는데, 특히, 장석의 형태가 남부 해안 반닫이의 장석과 매우 유사하게 나타나는 것이 특징이다.

 # 8장
조선가구의 미의식

1. 조선가구를 보는 눈

조선시대 가구의 아름다움을 부정할 사람은 많지 않다. 시간과 공간을 넘어서, 심지어 문화적 배경이 전혀 다른 이들에게도 장식 하나 없는 조선가구가 아름답게 보인다는 것이 신비롭다. 시간을 뛰어넘는 '고전'의 가치인 셈인데, 우리는 이를 당연한 것처럼 받아들이지만, 사실 작품이 통시대적으로 이런 평가를 받기란 쉬운 일이 아니다. 더욱이 이들 가구가 모두 명성 높은 예술가의 손에서 태어난 것이 아니라, 무명의 투박한 손으로 빚어내었다는 사실이 경이로울 따름이다. 듣기 좋아 무명이요, 집단개성으로 불리지만, 기실 당대에 주류 문화의 승인을 받지 못한 한낱 기술로 익명성과 마이너리티라는 신분적 한계를 훌쩍 넘어서는 차원의 조형적 성과를 창도한 터라서 더욱 놀랍다. 미학은커녕 경전 한 줄을 변변히 공부했을 리 없는 과거의 소목이 시공간을 문턱 없이 넘나드는 탁월한 미적 성취를 이루어낸 것에 아연할 밖에 도리가 없는 것이다.

'서양의 화려한 거실이나 다다미방, 어디에 놓아도 당당하게 존재를 드러내는 힘이 있다.' 조선가구에 내재한 조형의 내공을 한마디로 일컫는 말이다. 전혀 다른 문화적 환경에 두더라도 결코 기가 죽는 법이 없지만, 그렇다 하여 잰 채 하거나 홀로 튀어 조화를 깨는 법이 없기에 하는 말이다.

이런 힘이 어디서 비롯하며, 어떻게 가능했을까. 가구가 삶의 조건에서 어느 정도의 지위를 점하고, 어느 정도의 깊이로 개입했는지 등의 문제는 가구의 인문적 성찰을 위한 현실의 과제다. 해답에 이르지는 않더라도, 이 질문이 가능해야 그동안 어떻게 제작되었는지를 해명하는데 몰입해온 목공예사 연구의 지형을 한 단계 끌어올릴 수 있다고 믿는다. 조선가구에 집중된 목공예사 연구는 그동안 형식 분류의 수준을 넘는 연구의 진척이 쉽지 않았다. 도자사 분야에 치우친 장르 관습과 위계관념이 작용하기도 하여 연구층은 엷고 연구방법의 모색도 여의치 않았다. 연구의 답보를 소장가나 박물관의 전시가 외려 의제를 이끌고 연구를 독려하는 형국이다. 아름다움에 열광하는 이는 있어도 그 원리를 구체적으로 해명하는 데는 인색했던 셈이다. 이러한 현실을 바라보면서 몇 가지 단상을 서술해 보려 한다.

2. 조선가구의 조형 얼개

조선가구의 조형원리 가운데 으뜸은 단연 짜임과 이음의 변주다. 수직 수평의 구조체가 만들어 내는 수더분한 공간과 비례가, 보는 이의 눈

높이와 만나는 형태에 따라 제각기의 스펙트럼을 만들어내는 것이다. 그 원리가 나무의 결구에서 비롯한다.

자르고 켜서 판재와 각재를 자유로이 잇거나 마름질해낼 수 있어야 비로소 가구가 완성된다. 목수 연장으로는 자르는 톱이 먼저 발달하고 켜는 톱의 기능은 그만 못했던 듯하다. 시대를 거스를수록 판재의 두께가 두껍고, 심지어 까뀌로 다듬은 흔적이 역력한 것은 판재를 키는 연장이 여의치 않은 데서 기인한다. "농본죽기야籠本竹器也"라 했던 『임원경제지林園經濟誌』의 기록은 한국가구의 탄생의 이력이라기보다 조선가구의 보편화과정을 여실히 반영한다.[194] 대나무를 머리에 이고 있는 '농籠'자의 어원이 상징하듯, 댓가지를 닭집처럼 엉성하게 엮어 옷가지를 보관하던 세간이 초기 농의 본모습이다.

그러나 우리나라에 결구형 가구의 역사가 반드시 짧다고 말할 수는 없다. 고구려 고분의 생활풍속도나 『고려도경』의 기명조, 조선시대 의궤나 기록화에서 얼마든지 결구형 목가구의 존재를 확인할 수 있기 때문이다. 특히 고구려의 가구는 평양과 집안으로 양분된 고분의 형식적 특성과 결부되어 형태와 기능이 서로 다르게 발달했다.[195] 평양은 낮은 평상의 구조인 탑榻이 지배층의 좌식가구로 한대의 영향권에서 활발하게 제작되었고, 그 양식이 고려를 거쳐 조선왕실과 사랑방의 살평상으로 연결되었다. 또한 소반이나 책상 등 좌식 가구는 다리가 여럿 달린 다각형의 형식을 특징으로 한다. 반면에 집안지역은 스툴 형식의 의자와 탁자를 쓰고 있으며, 가구의 다리는 동물의 다리를 닮아

---

194 徐有榘, 『林園經濟志』, 贍用志 卷3.
195 최공호, 「고구려 榻의 형식과 기원」, 『미술사의 정립과 확산 - 恒山安輝濬敎授停年紀念論叢』, 사회평론, 2006.

수족형獸足形으로 불린다.

좌탑과 다각형 가구의 수준은 이미 초보적인 단계를 넘어섰다. 짜임과 이음의 결구를 위한 기초로써 판재와 각재를 자유자재로 다룰 수 있어야 가능한 일이었다. 단순한 궤나 닭집농의 기본 구조에서 비롯한 농과 장의 결구형 가구가 조선 후기 이후에 널리 보급되었다. 요긴하나 비교적 단순한 소반은 이보다 앞선 시기에 일인일반一人一槃의 평좌식 식습관에 수반하여 보편화된 것으로 보인다. 따라서 기록에 등장하는 농의 기원설은, 글자 그대로 해석하기보다는 서민 가정에서 장롱을 조선 후기쯤에 보편적으로 쓰기 시작했음을 뒷받침하는 자료로 이해하는 것이 옳다고 본다.

대신 이른 시기의 결구형 가구는 왕실이나 관청, 사찰 등 특수한 공적 장소에서 썼고, 일반 가정에서 세간으로 자리 잡는 데는 적지 않은 시간이 필요했다. 근대기에는 물론 1970년대까지도 가구가 가장 중요한 혼례용품으로 꼽힌 것도 이런 여건의 연장선에서 이해된다.

짜임이 우리만의 것은 아니다. 유럽을 포함한 여러 나라가 이미 짜임가구를 오래전에 만들었고, 인접한 중국도 한대로 거슬러 올라가는 오랜 역사를 갖고 있다. 그럼에도 조선가구가 고전적 아름다움으로 다가오는 것은 짜임을 통해서 구축된 공간과 비례의 특수성, 그로 인한 소담한 쓰임의 현저한 차이 때문이다.

조선시대의 가구로 대표되는 무장식의 단아한 형식미는, 고려의 그것과 견주어 보면 달라도 한참 다르다. 서방 극락정토를 현실에 현현하거나 지상에 정토를 구현하려는 뜻에서 정성껏 표현했던 불교미술의 세계관과 결부되어 유래 없이 화려무비한 것이 고려의 공예품이었다. 정치한 장식의 극치를 보여준 상감기술은 도자기와 금속공예 입사에 그치지 않고 나전칠기나 직물의 문직에서도 같은 원리를 찾을 수 있다. 문화적 맥락이 다른 외국까지 갈 것도 없이, 조선가구는 우리 역사 내부에서도 이전 시기와 확연히 다른 것이다. 지극히 조선다운 미의식에 다름 아닐 터이다.

그렇다면 조선가구는 왜 갑자기 바뀌었나? 필자의 생각에는 근본적으로 바뀐 것은 없다고 본다. 바뀐 것은 외형일 뿐 내면의 미적 정형률이 달라진 것은 아니라는 얘기다. 조선가구의 결구형식의 정밀도는 이를 여실히 반영한다. 즉 외형으로 표출되던 기술이 조선에서는 내면화 되었다고 보는 것이다. 바깥을 화려하게 꾸미던 기술이 세계관이 달라진 조선에 들어서 안으로 기술의 내공을 틈입시켜 실로 형언키 어려울 만치 정치한 짜임으로 승화될 수 있었다고 본다.

이렇게 이해하면 고려와 조선의 미의식은 내면에서 흐르는 물줄기의 본류를 파악하게 된다. 오늘날 전통을 어떻게 이해해야 옳은가를 조선가구가 우리를 향해 한 수 가르침을 주고 있음에 분명하다. 전통은 겉모습의 전승이 아니라 기질지성이나 피의 인자에 녹아 있는 내면의 어떤 것을 건져 올려 오늘의 버전으로 치환할 것을 주문한다.

짜임의 특질은 드러내는 짜임과 숨은 짜임으로 구분된다. 드러난 짜임은 그것대로 무늬가 없는 공간에 풍부한 여백을 만들어내어 듬직한 신뢰를 주지만, 숨은 짜임은 그들대로 못자국 하나 없이 견실한 기능적 조형의 은밀한 내공을 유감없이 발휘한다. 그런데 드러내고 숨긴 이들 둘 사이에 긴밀한 상호관계가 없이는 가구의 완성미를 기대하기 어렵다. 두 가지가 모두 각각의 몫을 수행해야 상생의 결과를 얻게 되는 탓이다.

각급 박물관에 소장된 조선가구 가운데 단연 두드러지는 품목은,

지역과 시대별로 특징적인 형식을 갖춘 궤와 소반이다. 더불어 크고 작은 문구류와 함도 눈길을 끈다. 궤는 쓰임의 원초성을 지닌 초기 가구의 형식에 가깝다. 궤의 일종으로, 육면체의 최소한 구조에 앞이나 위판의 절반가량을 과감하게 쪼개어 문을 낸 반닫이의 단순함은 무위에 가깝다. 이런 점에서 반닫이류의 궤가 민간에서 장롱을 갖추기 전에 결구형 가구로 처음 창안하여 쓴 것이 아닐까 한다. 그럼에도 오늘에 사랑 받는 연유는 역설적으로 미니멀한 매스의 단순성에서 찾게 된다.

지역마다 높이와 길이의 비례가 다르고, 더불어 장석도 제작기의 모양으로 자리 잡아 기능적 조형의 전범을 구축해 왔기에, 장롱이 다양하고 보편적으로 보급된 뒤에도 꾸준히 그 생명력을 이어왔을 것이다.

3. 함께 만들고 더불어 써온 가구

소반과 그릇 하나가 우리의 실존과 거미줄처럼 연결되어 있다고 말한다면 쉽게 수긍할까? '얼마나 아름다운가?'를 절대기준으로 삼아 가구를 본다면 가구에 담재된 본연의 정수에 다가서기 어렵다. 가구는 아름다우면서도 쓰면서 애틋한 정서가 온몸으로 전해지는 공예품이라서 아름답다는 조형적 관점만으로 그 실상에 근접하기에는 한참 못 미치기 때문이다. 쉬운 말로 하면, 조선가구는 아름답기 위해 태어난 완상물이 아니다. 따라서 아름다움을 말하되 우선 왜 아름다울 수 있게 됐는가를 해명해야 한다.

이런 관점에서(구체적으로 말하여 물질문화의 관점에서) 가구를 바라볼 기회가 있었다.[196] 소반을 하나의 예로 들어 접근해본 결과, 가구는 형식의 결정에 제작주체인 장인의 판단을 넘어서는 매우 비중 있는 변수가 따로 작용했음을 확인할 수 있었다. 시공간을 점유하는 수요주체의 환경적 요소가 그것인데, 이는 작가의 자율성에 비등한 조건이었다.

극단적인 예를 들어 보면, 우리 가운데 누구도 1m가 넘는 소반을 본 적이 없다. 마찬가지로 쌀 한 말을 담는 밥그릇은 어디에도 없다. 이 비유는 제작의 주체가 자신의 예술적 감응에 충실하기 위해 제멋대로 만든 적이 한 번도 없다는 뜻이고, 장인의 손을 빌려 표현된 형식의 범주에는 보이지 않는 기준이 작용했음을 말하고자 함이다. 그것이 바로 당대의 문화적 조건이고 삶의 사이클이며, 수요층의 여망과 생활의 쓰임이 제작 형식의 결정에 작용한 외부의 힘이다.

물질문화의 시각이라는 어려운 용어를 쓸 필요가 없지만, 이런 관점으로 조선가구를 조망한 적은 이제껏 시도된 바 없었다. 그 결과 애초에 공예품의 제작목표가 무엇이었는지를 망각하게 하여 집단무의식 상태에 빠뜨리기 일쑤였다. 이 관점은 우리가 조선가구를 막연하게 빼어나다고 보는 건조한 시각을 뒤집을 유의미한 증거라고 본다. 구체적인 예를 들어보자.

소반은 평좌식 생활에 걸맞게 오랜 세월에 걸쳐 다듬어온 한국형 식탁이다.[197] 따라서 소반의 기본 스케일이 한국인의 앉은키와 긴밀하

---

[196] 여기에 관해서 보다 구체적인 내용은 필자가 2007년에 발표한 「사진 한 컷에 담긴 근대 공예사의 원풍경」, 『미술사와 시각문화』 7호(미술사와 시각문화학회, 2008. 10), 64-87쪽 참조.
[197] 소반은 고구려 고분벽화의 案과 槃의 형식과 도마를 뜻하기도 하는 조에서 기원하는 형식으로, 고려도경(黑漆俎, 丹漆俎)에서도 등장하는 것으로 보아 평좌식 식탁으로 조선시대까지 그 형식의 전통이 이어졌다고 볼 수 있다.

게 연관되어 있을 것은 자명하다. 작은 소반과 그릇 하나가 우리의 역사적 실존과 거미줄처럼 연결되어 있다는 사실을 인정하는 일에서 이 논의는 출발한다. 이 문제와 연관해서 기물의 형식을 결정하는 것이 작가만의 몫이 아니라는 인식도 아울러 중요하다.

형식결정의 요인은 작가의 조형요인 이전에 쓰임과 결부된 다양한 요소들이 이미 기본적으로 형태를 결정하는데 개입하고 있다는 점이다. 『고려도경』에 나오는 관청용 식탁(권28/흑칠조/단칠조=높이2자5치)을 제외하고는, 앉은키를 넘는 소반을 볼 수 없는 것은 바로 평좌식 문화에서 개발된 식탁의 쓰임 때문이고, 그 스케일은 다시 수요주체의 앉은키와 식습관에 수렴한다.

이러한 전제 위에서 먼저 공예품 형식에 개입하는 결정요인을 보면, 형식의 결정 과정에는 환경요인과 조형요인이 함께 작용한다고 본다. 환경요인은 제작자의 자율영역 밖의 것으로, 가옥 및 거주조건이나 기후를 포함한 자연·입지조건, 가옥과 세간의 스케일과 무게 등을 결정하는 신체 관련조건, 역사적 환경과 시대양식, 미의식, 라이프 스타일, 수요자의 사용습관, 유통체계, 전수된 제작기술과 도구를 포함하는 역사적 경험 등으로 나누어 생각해 볼 수 있다. '형태는 기능을 따른다'는 유명한 명제가 있지만, 기능과 관련된 형식의 기본틀이 작가보다는 환경요인에 의해 결정될 수 있다는 것이다.[198]

제작주체와 직접 관련되는 조형요인으로는 아이디어와 기술, 작가의 미의식과 경험, 색과 재료, 무늬, 마감재의 선택 등 조형표현의 결

---

[198] 'Form Follows Function' 이 말은 미국식 건축양식을 만들어낸 Lois Sullivan이 1896년에 《Rippincott》 3월호에 게재한 에세이에서 주장한 이래 디자인 분야에서 고전적 명제가 되었다.

과에 영향을 미치는 요소들과 기능의 확장, 새로운 형식의 창출, 기술의 진보와 선택적 적용, 디테일, 허용 범위 내의 스케일이 여기에 포함될 수 있다.

형식결정에 개입하는 이 요인들 외에도 함께 고려해야 할 요소가 더 있다. 각각의 그릇들은 더불어 쓰이는 다른 기물과의 상호관계 속에서 형식이 결정된다. 예컨대 소반과 그릇의 관계에서, 한 끼 분의 상차림에 필요한 그릇의 수와 각각의 크기가 소반의 천판 크기를 결정하는데 작용한다고 본다. 음식의 종류와 담기는 양이 그릇의 크기와 용량을 좌우하는 중요한 요소가 되는 것도 마찬가지 원리이다.

여기서 근대 사진 한 컷을 집중적으로 분석해 보겠다. 그림보다 뛰어난 재현 기재인 사진 이미지는 근대 물질문화의 기록으로써 의미심장하다. 서양 선교사와 일본인이 촬영한 수많은 근대 풍속사진첩에 끼어 있는 이 사진은, 작가를 알 수는 없으나 함께 묶인 다른 여러 장의 사진들에 비추어 볼 때 1900년 초에 나주반의 유통 범위 내에 들어 있는 호남지역의 민가에서 촬영된 것으로 판단된다.

흰 머리칼을 인 60세 전후의 할머니가 백자 정안수 사발을 올린 흑칠소반을 마주하고 쪼그린 자세로 앉아 있다. 한낮 마당에 깔린 자리 위에 앉은 할머니의 모습은 본래의 정황이기보다는 사진을 위해 일시적으로 연출된 것임이 분명해 보인다. 사진의 이미지는 소색의 일상복을 입은 주인공 할머니를 공간의 주체로 설정하고, 그를 둘러싼 전근대적 여성의 생활 무대인 한옥의 마당을 중심으로 거기에 놓이고 쓰인 일련의 기물에 초점을 맞추고 있다. 이 사진의 소반을 기준으로 형식결정의 요인들 가운데 환경요인을 먼저 분석해 보겠다.

1) 기물의 휴먼스케일

우선 피사체의 중심에 등장하는 소반과 백자사발의 형태와 구조, 스케일 등 형식이 어떻게 구축되었고, 그 형식을 결정하는데 어떤 조건이 개입되었는지를 수요주체인 할머니와 연관지어 분석을 시도해 보자. 사진에는 소반 위에 정안수 사발이 하나 올라 있지만, 이 소반은 일반 가정에서 끼니 때 쓰기에 적당한 보편적인 쓰임의 폭을 지닌 소반의 전형이다. 따라서 일반적인 한 끼분 식사를 차린 상태를 가정하여 논지를 전개해 보겠다.

소반의 기본 스케일은 한국인의 앉은키와 긴밀하게 관련되어 있다. 소반의 높이와 연관된 한국인, 특히 사진 속 주인공이 살던 1900년대 초의 60대 여성의 앉은키와 유물로 남아 있는 소반의 스케일 사이에 연관성을 직접 측정해 볼 필요가 있다. 우선 각급 박물관에 소장된 조선말기 또는 근대 초기로 편년된 소반들 가운데 식탁의 용도로 쓰였을 가능성이 높은 유물만을 선별하여 천판의 평균 높이를 산출해 보았다.

조사 대상으로 선택한 86점의 평균 천판 높이는 28.75cm로 계측되었다. 여기에 소반 위에 놓이는 그릇의 높이를 더해야 식사를 위한 기물의 실제 높이가 도출된다. 가장 일반적인 손님상을 구성하는 5첩 반상기의 경우에는 첩 수에 들지 않는 그릇을 합해 14개 안팎의 그릇이 놓인다.[199] 백자 반상기의 다양한 스케일이 있겠으나 20세기 초로 알려진 샘플 하나를 중심으로 그 형식을 계측해 보면, 밥그릇은 높이가 8.5cm이고, 국그릇은 7cm, 큰 찬그릇은 5.5cm 등이었다.

---

[199] 보통 밥그릇과 국그릇이 각각 하나씩, 크고 작은 찬그릇이 7개, 접시가 3개, 종지가 2개 안팎으로 구성된다.

소반 높이의 평균치에 가장 큰 밥그릇의 높이를 더하면 37.25cm가 되고, 가장 낮은 접시를 뺀 일반적인 찬그릇의 높이를 더하면 약 33cm 안팎이 된다.

소반의 평균 높이인 28.75cm와 그릇의 높이를 더한 33cm – 37.25cm라는 수치는 의미하는 바가 단순하지 않다. 이 수치는 한국인이 앉은 자세에서 식사를 하기에 가장 적합하다고 여겨온 경험칙이 적용되었을 가능성이 매우 높기 때문이다. 다시 말하여 앉은키는 소반의 형식 가운데 천판의 높이를 결정하는 가장 중요한 변수가 되는 것이다. 신장의 평균치를 산출하는 일은 그래서 중요한 과제가 된다.

① 소반 높이

사진 속에 등장한 할머니의 연령대와 같은 시기의 신장은 정확하게 기록된 바가 없다. 따라서 대안을 찾아 추론해볼 필요가 있다. 유효한 대안이 바로 1900년대 초의 여성이 일상적으로 입었던 저고리

도 36. 할머니와 정안수, 1900년경 사진
(최석로, 『민족의 사진첩(3) 민족의 전통 · 멋과 예술 그리고 풍속』, 서문당, 1994.)

8장. 조선가구의 미의식

의 화장을 재는 방법이다. 이 논거는 양팔의 길이가 신장과 같다는 통계에 기초하고 있다. 마침 2007년에 여성 저고리를 주제로 경운박물관에서 특별전이 열렸다. 이 도록에 실린 500여 점의 저고리 가운데 1900년대 초의 유물 71점을 기준으로 사진 속 여성의 키를 산출해 보면, 그 결과가 152cm 안팎의 값이 얻어진다.

다음, 앉은키와 앉은 상태에서 팔꿈치의 높이를 계산하면 소반에 그릇을 더한 높이와 견주어서 조선말기의 상차림이 갖는 인체공학적인 범위를 파악할 수 있게 된다. 이 수치는 최근에 한국인의 인체치수를 잰 연구결과에 준하여 당시의 여성키(152cm)로 환산해 보면, 82cm 안팎으로 추정할 수 있다.

소반 위의 그릇에 담긴 음식을 취하기 위한 팔의 동작을 감안하여 동일한 방법으로 산출해 보면 사진 속 여성의 앉은 팔꿈치 높이는 22.75cm가 된다. 팔꿈치를 수평으로 유지했을 때의 손의 높이가 소반 위의 그릇까지 11 – 15cm의 차이를 보이는 셈이다. 여기에 팔의 동작 범위를 파악하여 적용해야 완전해질 수 있다.

앉은 팔꿈치의 높이는 어깨와 팔꿈치의 관절을 축으로 하여 일정한 동작의 범위(싸개면)가 약 180°의 폭을 갖게 되는데, 상하 운동방향을 중심으로 분석해 보면 22.75cm의 상하 싸개면은 팔꿈치를 축으로 하더라도 편안한 상태에서 20cm 내외의 운동 범위를 무리 없이 소화해낼 수 있게 된다. 다시 말하여 소반 위에 놓인 그릇까지의 높이가 이 범위를 크게 넘지 않는 한에는 불편 없이 식사가 가능하다는 뜻이다. 만일 이 스케일이 고려되지 않으면, 어른 식탁에 앉은 어린이처럼 그릇이 얼굴 높이에 놓이거나 그 반대가 될 것이다.

② 천판 넓이

소반의 천판 넓이는 한 끼분 식사에 필요한 최소한의 크기일 가능성이 높다. 한 끼분의 음식을 담은 백자그릇들을 올리기에 적당한 넓이가 바로 천판의 넓이에 해당한다. 손님을 위한 상차림은 5첩 반상이 기본이다. 5첩 반상일 때 14가지, 7첩일 때는 17개, 9첩에는 21개의 그릇이 상 위에 배치된다.

5첩의 기물이 놓일 수 있는 넓이라면 14개의 크고 작은 그릇들의 지름의 합이 천판의 넓이를 넘지 않아야 한다는 말이 된다. 높이를 구하는데 썼던 소반들 가운데 사각형 천판을 선별하여 산출한 평균치는 가로 50.2cm, 세로 37.7cm로써, 그 넓이의 값은 약 $1892cm^2$에 해당한다. 앞에 예를 든 5첩 반상기에 준하여 소반 위에서 그릇이 차지하는 면적을 계산해보면, 그릇의 지름의 합이 158.5cm니까, 공간에 적절히 붙여 배치한다면 그릇의 점유면적은 약 $1597cm^2$가 된다.

따라서 소반의 천판 넓이의 값은 당시에 쓰이던 백자그릇들의 평균 지름의 값을 충분히 고려한 결과임을 확인할 수 있다. 다시 말하여 소반 천판의 넓이는 놓일 그릇들의 지름의 합을 더한 값과 매우 긴밀한 상호관계를 갖게 된다는 말이다.

③ 소반의 무게

소반과 그릇의 무게 또한 당시 생활주체의 환경요인과 연관되어 있다고 본다. 소반의 무게는 평균 1.4 - 1.5kg에 해당하여 크기에 비해서는 매우 가벼웠다. 반면에 5첩 반상기의 그릇 무게는 백자의 경우에 3.2kg에 달하며, 여기에 음식을 담았을 때는 소반 전체의 무게가 5 - 6kg 안팎이 된다. 만일 백자보다 무거운 유기그릇으로 음식을 담는다면 6-7kg에 달하여 들고 나르기에 부담스러울 무게에 이른다. 소반 자체가 무거울 경우 원거리를 이동해야 하는 여성에게 적지 않은 부담이 될 것이다. 윤증 고택의 부엌과 사랑방의 거리가 왕복 50m에 달하고, 문턱의 높이는 110cm이니 소반의 무게는 그만큼 부담을 가중시키게 된다.

무거운 음식과 그릇을 올린 뒤에 옮겨야 하는 소반은 구조의 면에서도 튼튼하게 제작할 필요가 있었다. 부재를 연결할 때 못을 치지 않고 철저히 짜임방식을 견지했는데, 견실한 짜임은 물기에 노출빈도가 높은 소반의 특성에 비추어 부식되기 쉬운 못을 쓰는 것보다 훨씬 견고하게 형태를 유지할 수 있게 한다. 가볍고 견실한 목재의 선택과 못 대신 짜임을 써서 제작하는 방법이 모두 음식과 물기를 다루는 소반의 환경적 특성을 잘 반영하고 있음을 알 수 있다.

한편, 사진 속의 밥그릇은 오늘날의 밥공기와 비교하여 현저한 차이가 있는데, 이는 식생활의 변화상을 직접 반영하는 물질문화적 관점과 사회 경제사적인 연구 자료로써 주목할 만하다고 본다. 음식을 차리는 기준은 한 끼분에 필요한 칼로리를 가늠하는 음식의 질과 양을 대변하는 것일 터이니, 밥그릇의 크기는 바로 당대 사회 경제사의 환경을 충실하게 반영한 바로미터인 셈이다.

환경 요인과 작가의 조형 요인이 차지하는 각각의 비중을 대략 50%안팎으로 가정한다면, 여기에 적용된 변수에 따라 내용이 달라질 수 있을 것이다. 쓰임의 일차적 기능에 충실할수록 환경 요

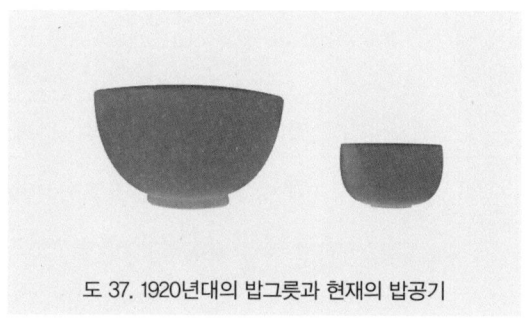

도 37. 1920년대의 밥그릇과 현재의 밥공기

인의 비중이 높고, 작가적 상상력과 자율성을 확대하여 이른바 작품에 가까울수록 조형 요인이 증가할 것은 당연한 이치다. 그러나 그것은 오늘의 평가에 가까운 기준일 뿐, 작품을 의식하고 만든 예가 얼마나 있을까를 생각해 보면 환경요인에 충실한 작품의 생명력이 조형요인에 치중된 결과보다 짧다고 단정하기 어렵다.

정리해 보면, 조선가구는 아름다움만을 상찬하기에는 너무나 많은 역사적 진실들을 온몸에 담재하고 있음을 알 수 있다. 아름다움은 그 다음 단계에서 다시 치밀하게 분석해야 옳다. 양식사의 틀만으로 해결되기 어려운 공예사의 참다운 전모를 파악하기 위한 다양한 시각이 확장될 필요가 있다.

4. '시중은일(市中隱逸)' 혹은 일상 속의 탈속

제작의 기본 환경이 이처럼 철저히 쓰임과 당대의 라이프스타일에 근거하고 있음에도 불구하고, 조형적 성과는 어디에도 뒤지지 않는다. 제작할 때 고려해야할 요소가 한두 가지가 아니더라도 그것을 방해요인으로 여기기보다는 외려 장점으로 승화시킨 셈이다. 문제를 정면으로 돌파하여 관통함으로써 해결의 실마리를 찾는 지혜가 돋보인다. 오늘의 공예가들은 쓰임이 좋은 작품을 만드는데 불리한 조건이라고 항변한다. 한 때 탈기능의 조형주의나 박제된 쓰임의 흔적을 가진 유사 공예품들이 판을 치던 시절이 있었던 것도 이런 생각에 경도된 탓이다. "쓸모를 거추장스럽게 여기면서 공예의 비극이 시작되었다." 우리가 잘 아는 야나기 무네요시의 말이다.

　조선가구의 조형미는 미니멀한 외형을 간결하고 튼실한 재료로 구성하는 결구미에서 발현된다. 사랑방 가구나 일상기물들 대부분은 말할 것도 없고, 다소 장식성이 많다는 안방 가구의 치장도 다른 시대에 비하면 최소한의 것일 뿐이다. 그럼에도 어느 시대의 어디에 놓아도 결코 기죽지 않으면서 튀지 않는 탁월한 조형적 유연성을 발휘하게 된다. 장식에 집착하던 과거와 달리 군더더기 장식을 최대한 덜어냈다는 점에 열쇠가 있다고 본다. 마이너스의 조형원리인 셈인데, 복잡한 결구와 장식을 내면으로 옮겨 승화해낸 결과이며, 삶의 중심에 깊숙이 틈입하여 생활정서를 온몸으로 체득하고 그 리듬을 실어내었기 때문이다.

　조선가구의 조형구조는 일상 속에서 스스로 도달한 탈속의 경지라 할만하다. '시중은일市中隱逸'이라 했다. 흙탕 속의 연꽃이 더욱 희듯이, 속기 없는 고결함이 실생활 세간의 몸으로 스스로를 낮추어 그 가치를 은근히 드러내기에 격조는 극한을 치닫는다.[200] 은일은 본시 인간사와 절연하고 숨어 지낼 때 어울리는 이름이다. 그러나 사람들 틈에 섞여 함께 호흡하면서 완성하는 시중은일은 산중의 은일보다 한참이나 단계가 높은 경지다. 자신을 온전히 비우면서도 흔들리지 않을 내공을 갖춘 뒤가 아니면 도달하기 어려운 세계다. 버려야 얻고, 죽어야 살며, 낮춰야 비로소 높아지는 역설의 알레고리가 조선가구의 조형정신에서 배어난다.

---

[200] '한 점 속기 없는', 이 평어는 조선 목가구의 아름다움을 가장 수려한 언어로 상찬했던 최순우 선생에서 비롯했다.

조선가구의 격조가 시중은일에 비유되는 것은 바로 스스로를 낮추어 선택한 주인의 쓰임에 순응하면서도, 고결한 격조만큼은 어느 미술품 못지않게 향기를 발산하기 때문이다. 따라서 눈 밝은 이라야 비로소 그 가치를 알아본다. 아결한 취향과 고아한 품격, 이 덕목은 조선가구의 형식미와 일체화된 제작의 원리이며, 제작주체의 너른 마음 씀씀이의 표징이다.

조선가구의 이런 특질은 세월과 더불어 쓰는 이의 손길로 반질반질 길이든 수택手澤이 더해져서 깊이와 감흥을 더한다. 작품의 마지막 완성자는 '세월'이라는 말이 실감난다. 강화반닫이 명품을 그대로 재현하더라도 어딘지 어색한 것은 바로 인간이 재현할 수 없는 '세월'이 결여된 탓이다. 사람과 함께 해온 시간이 곧 공예품의 시간에 해당한다. 공예품에서 시간의 결과는 곧 아우라다. 조선가구에 열광하는 이들이 인식하는 가치가 바로 '사람의 시간'이다. 고동취미도 같은 문맥이다. 18세기가 되면 문방문화의 성행과 맞물려 가구의 아취도 절정에 달한다. 사랑채 주인을 닮은 격조가 가구의 품격에 고스란히 배어드는 계기였다.

박제가는 "벽癖이 없는 사람은 버림받은 사람이다"고 했다.[201] 고동서화와 문방품, 매화 등 문인들이 즐겨 애호하던 청완물을 가까이 두고 몰입하는 마니아 취향을 일컬음이다. 이 말은 명말의 원굉도遠宏道와도 상통한다. 그는 "무미건조하고 면목이 가증스런 사람은 모두가

---

[201] "人無癖焉棄人也", 朴齊家가 찬한 「百花譜序」의 첫머리로, 白斗鏞의 『名家筆譜』券六에 수록되었다. 연이어 그는 "夫癖之爲字從疾從辟病之偏也" 즉, 벽의 의미에 대해서 고질화되어 한 쪽으로 지나치게 쏠린 병이라 풀이했다.

집착의 대상이 없는 탓"이라고 했을 정도였다.[202] 청완을 즐기는 일은 세속에 얽매이지 않고 남달리 웅장하고 빼어난 기운을 거기에 기탁하기 위한 행위로 인식한 결과였다. 이와 같이 하지 않으면 "내면의 지혜를 살찌울 수가 없고, 天機를 마음껏 발휘할 수 없다"는 박제가의 생각은 문방청완의 향수 목적이 무엇이었는지를 알게 한다.[203]

이처럼 고동과 문방명품에 대한 애호풍조와 청완의식淸玩意識은 단순히 물건에 대한 집착이나 물욕이 아니라 유가나 도가적 사유를 지향하는 문인들이 이상과 삶의 태도를 일상에서 일치시키고 이를 궁구하는 수단으로 인식함으로서, 탈속의 삶을 자오自娛하는 방편으로서의 의미를 함께 내함했다. 인가가 먼 곳에 독서처를 정하고, 자연에 몸을 의탁하는 물외적物外的 삶을 여망하던 조선시대의 일반화된 처사지향의 이상향이 문방의 청완의식과 깊이 연관되어 있다 하겠다. '사랑방 세간을 보면 주인의 격조를 안다'는 표현도 여기서 비롯한다. 이 때 문방에 놓일 세간 갖춤과 가구의 품목이 격식을 갖추었다.[204]

앞 절에서 살펴본 대로 가구는 수요주체의 일상의 삶과 긴밀하게 맞물려 있다. 그러니 정신적 아취의 성취물인 문인문화의 그것과는 출발 자체가 다르다. 애당초 가구는 삶의 가장 밑바닥에 발을 딛고 선 겸손한 기물이다. 그럼에도 결과로서 느끼는 형식미의 품격은 결코 녹녹

---

202 袁宏道, 『甁史』, 好事, (심경호·박용만·유동환 역, 『역주 원중랑집(袁中郎集) 5, 소명출판, 2004. 100-101쪽)에 "嵇康은 쇠를 단련하는 것을 좋아하였고, 武子는 馬를 좋아하였으며, 陸羽는 차를 좋아하였고, 米顚(米芾)은 바위를 좋아하였으며, 倪雲林은 깨끗한 것을 좋아하였으니, 이 사람들은 모두가 어느 한 쪽에 지나칠 정도로 취향을 응집함으로써, 세속에 얽매이지 않고 남달리 웅장하고 빼어난 기운을 거기에 기탁하였던 사람들이다"고 하여 호사가의 취향과 그 정당함을 이름난 이들의 예를 통해 설명하였다.
203 朴齊家, 『北學議』內編, 「古董書畵」; 안대희 역주본, 돌베개, 2006. 128쪽.
204 홍만선, 『山林經濟』卷12, 「家庭」篇, 齋中器用.

치 않다. 때로는 외려 웬만한 문인화의 수준을 훌쩍 넘어선다. 실용에 바탕을 두면서 동시에 그 결과가 격조 높은 조형적 완결성을 지니는 것은, 그만큼 여러 요건에 두루 빼어나다는 증표다. 하나의 목표를 향해 얻은 결과보다 전혀 다른, 그것도 상반된 가치를 지향하던 결과가 대척점에 있는 또 다른 가치를 아우를 수 있는 유연성은 쉽게 발견하기 어렵다. 일상에서 꽃 피운 탈속의 경지, 일상과 탈속의 경계를 넘나드든 조선 목가구의 가치가 바로 이것이다.

5. 현재를 사는 가구 전통

전통의 가치는 그것을 현재화할 때 비로소 새 생명을 얻는다. 전통을 과거의 것으로 묶어 두는 한 그것은 박물관 전시품으로 족할 따름이다. 현재를 호흡하는 유산이야말로 진정한 전통의 본모습이다. 지금까지 우리는 조선가구의 빼어난 아름다움을 상찬하는데 관심을 집중해 왔다. 학술적 연구가 많지 않음에도 조선가구의 공예 문화적 성취에 대해서는 누구도 반론의 여지가 없다. 그런데 정작 우리들 생활문화의 실존에서 조선가구의 흔적을 찾는 것이 불가능한 것은 어떤 연유에설까. 그리고 이 현실에 대해서 과연 어느 정도의 성찰이 이루어지고 있는가. 이 말을 쉽게 풀면, 우리 세간에는 왜 선대의 체취가 남아 있는 대물림 가구가 없는가. 언제까지 식민지 근대화에 핑계를 댈 것인가.

  조선가구의 무명의 성취는 작가에게 있어서 가방끈은 반드시 작품의 품격과 일치하지 않는다는 사실을 오늘에 웅변한다. 배울 만큼 배우고 수많은 정보를 접하는 오늘의 공예가가 만든 작품이 미래의 우리 문화를 표상할 대표성을 지닐 만한가? 이 질문은 고스란히 현재의 우리에게 부메랑이 되어 꽂힌다.

　조선시대에 가구를 만들던 소목장의 신분이 오늘날의 작가들처럼 사회적으로 각광받았다면 과연 지금의 격조를 유지할 수 있었을지 공연한 상상을 해본다. 조선 가구의 품격은 익명성의 겸손과, 결과에 초연한 절대정신의 성취물이기 때문이다. 만일 솜씨 좋은 장인에게 왕이 친히 불러 상을 내리고, 사회적으로도 권위를 인정받는 작가였다면, 결과에 지나치게 얽매어 상을 받을만한 작품을 위해 힘을 쏟았을 테고, 그 결과는 전혀 다른 욕심이 배어나서 지금처럼 아결한 작품을 기대하기 어려웠을 지도 모른다.

　예술품을 보고 느끼는 감흥들 가운데 중요한 두 가지가 있다. 얕은 조형과 깊이 있는 조형이다. 한 눈에 들어오고도 감흥이 오래 가지 않는 작품과, 처음 보다는 시간을 두고 오래 묵혔을 때 외려 느낌이 더욱 깊어지는 작품이 있는 것이다. 조선가구는 가장 전형적인 후자, 깊이 있는 조형의 표상이라 할만하다. 군더더기를 배제하고 미니멀하게 구축된 형식의 완결성은 말할 나위가 없지만, 더욱 중요한 것은 사람들 사이에 놓여 그들의 일상을 온몸으로 받아들였다는 사실에서 찾게 된다. 끝내 나는 사람의 역사가 절절히 배어나는 작품은 공예품 말고는 다른 예를 찾기 어렵다. 공예품이 다른 예술품과 차별성을 갖는 핵심 요건이 바로 이 지점이다. 따라서 공예품의 완성은 작가의 손에서가 아니라 쓰는 이의 삶 속에 들어와야 비로소 완결된다고 하겠다. 전시장의 쇼케이스보다 생활주체의 자장 내에서 사람과 일치를 이룰 때 공예품은 아름답다. 온양민속박물관의 조선가구들은 하나 같이 쓰임의 내러티브가 절절히 배어나 더욱 소담스럽다.

　철농으로 불리던 서양식 케비넷이 서민들의 생활 속까지 파고들던 1970년대에, 마지막까지 자리를 지켜왔던 할머니의 혼수 장롱이 골동 거간의 리어카에 실려 나갔다. 그것이 우리 생활에서 실낱같이 남아 있던 목가구의 전통이 절멸된 시점과 일치한다. 캐슈로 옻칠을 대신한 나전칠기 장롱의 인기가 한풀 꺾이고, 그 후 다시 합판에 니스나 호마이카로 치장한 공장제 싸구려 옷장이 자리를 틀고 앉았다. 이때부터는 가구가 대물림이 아니라 패션이거나 소모품으로 간주되기 시작했다.

　가구는 모든 세간의 중심이다. 중심인 세간은 당대를 사는 생활주체들과 몸의 지체처럼 일체화 되어 같은 리듬을 공유할 때 비로소 좋은 옷처럼 일상의 문화로 밀착되게 마련이다. 중심의 지위를 가진 가구가 되살아나야 다른 세간들도 더불어 제자리를 찾게 될 것이다. 세간 전통의 복권은 잃어버린 문화 주권을 되찾는 일이라서 중차대하다. 이 일은 경제적 성취로 이루어낼 수 없고, 우리 스스로의 성찰에 기반하지 않으면 국민소득이 아무리 높더라도 불가능한 일이다. 그 핵심은 바로 현재의 우리 모습을 철저히 관찰하고 내적 리듬을 길어 올려 새로운 형식의 창출에 에너지로 활용하는 지혜가 필요하다는 것이다.

　맵시 나는 반닫이의 면모는 대부분 통목을 두툼하게 써서 튼실하지만 결코 둔중하거나 무겁게 느껴지지 않으며, 필요한 것 이상을 욕심내지 않은 극도로 절제된 거멍쇠 장석과 한 몸처럼 어우러져 가히 절창(絶唱)의 경지를 이룬다. 보는 이의 눈이 행복하다고 하여 안복眼福을 누린다는 말이 있다. 소장자는 말할 것도 없으려니와 어쩌다 이 물건을 본 이는 그 이대로 눈에 밟히는 세간이라면, 그것을 가까이 두고 쓰는 이의 마음은 또 오죽했으랴. 이런 감성의 깊이와 폭을 지닌 요긴한 세간들을 주위에 늘어놓고 사는 공간, 그것을 누릴 수 있는 시간대는 참으로 문화적이라 할만하다.

근래 재현되는 전통 목가구의 현장에서 느끼는 아쉬움은 한두 가지가 아니다. 전통 형식의 원형에 바탕을 둔 재창조가 절실한 것이다. 어름어름 겉보기에 방불하게 만드는 것이 능사가 아니다. 비례며 두께로 구성되는 형식의 절대성은 물론이요, 치밀한 결구형식을 통해서 탄탄하게 구축된 내부의 힘이 바깥의 형식과 내밀하게 조응할 때라야 비로소 눈을 기껍게 만든다. 아직 조선가구의 본령에 대한 이해가 얕은 탓이다.

소목장의 손을 벗어나는 장석의 경우에는 정도가 더욱 심각하다. 도무지 가구의 외형을 고려할 의향이 없어 보인다. 이렇게 되면 소목장이 애써서 만든 형태를 가차없이 침범하기 일쑤다. 가구의 장석이 자신을 드러내려 애쓸수록 가구의 품격은 줄어든다. 거창한 미학적 전제를 언급하지 않더라도, 조선시대에 '아름답다'는 뜻은 어떤 대상이 본디 있어야 할 자리에 있는 모양을 일컫는 조화로운 질서의 개념에서 비롯함을 참고할 필요가 있다.

대물림 가구를 우리 삶에 되돌리는 노력이 절실하다. 세간이 일상 문화의 핵심적 지위를 포기하지 않는 한, 우리 삶의 중심을 더 이상 일회용 세간들에 내맡겨 둘 수는 없다. 창조적 전통 인식도 지금 여기, 우리 일상의 낮은 눈높이에 기반을 두어야 옳다.

부록

『임원십육지』팔역장시의 지역

기초 자료

지역	품목	장시 수	세부 장시 명
경기	인석(茵席)	12	양주, 파주, 인천, 부평, 통진, 안성, 안산, 양근, 김포, 마전, 교하, 진위
경기	목기(木器)	7	양주, 파주, 이천, 마전, 지평, 포천, 연천
경기	유기(柳器)	5	파주, 통진, 안성, 용인, 지평
경기	지물(紙物)	2	양주, 여주
경기	목확(목구(木臼))	1	안성
경기	목반(木盤)	1	안성
경기	양립(陽笠)	1	고양
경기	점석(苫席)	1	고양
경기	목물(木物)	1	양성
호서	완석(莞席)	4	옥천, 영동, 덕산, 황간
호서	저(楮)	3	진잠, 청풍, 괴산
호서	포석(蒲席)	2	공주, 홍주
호서	목물(木物)	2	금산, 진산
호서	죽물(竹物)	1	장흥
호서	지물(紙物)	1	공주
호서	인석(茵席)	1	금산
호서	초석(草席)	1	충주
호서	송판(松板)	1	청주
호서	유기(柳器)	1	전의
호남	죽물(竹物)	17	전주, 나주, 광주, 남원, 순천, 보성, 영암, 여산, 낙안, 순창, 창평, 광양, 정읍, 구례, 동복, 흥양, 해남
호남	지지(紙地)	17	전주, 나주, 광주, 순천, 무주, 순창, 용담, 광양, 남평, 덕흥, 고창, 무장, 구례, 운봉, 장수, 화순, 고산

호남	인석(茵席)	15	전주, 광주, 남원, 순천, 무주, 영광, 진도, 임피, 함열, 강진, 덕흥, 정읍, 무장, 구례, 함평
호남	목물(木物)	8	전주, 나주, 광주, 순천, 순창, 정읍, 해남, 고산
호남	목반(木盤)	3	나주, 광주
호남	유사(柳絲)	2	담양, 정읍
호남	완석(莞席)	2	보성, 창평
호남	목기(木器)	2	전주, 영암
호남	노포석(蘆蒲席)	2	김제, 만경, 여산
호남	노석(蘆席)	2	함열, 용안
호남	세석(細席)	1	나주
호남	사립(蓑笠/簑笠)	1	광주
호남	목주(木主)	1	광주
호남	목극(木屐)	1	남원
호남	마골지(麻骨紙)	1	남원
호남	목롱(木籠)	1	목롱
호남	채침(彩枕)	1	담양
호남	채상(彩箱)	1	담양
호남	포석(蒲席)	1	부안
호남	선자(扇子)	1	남평
호남	발석(襪襪)	1	곡성
호남	우립(雨笠)	1	곡성
호남	광협(筐俠)	1	고산
영남	지지(紙地)	17	대구, 안동, 창원, 상주, 진주, 영해, 청송, 동래, 인동, 하동, 거창, 청도, 초계, 풍기, 경산, 봉화, 기장
영남	목물(木物)	14	상주, 진주, 성주, 울산, 동래, 하동, 거창, 초계, 영덕, 경산, 지례, 고령, 단성, 자인
영남	죽물(竹物)	11	동래, 선산, 하동, 거창, 경산, 개영, 봉화, 청하, 현풍, 산청, 단성
영남	완석(莞席)	10	경주, 상주, 성주, 초계, 언양, 고령, 신영, 창영, 기장, 삼가
영남	유기(柳器)	6	성주, 울산, 청송, 하동, 삼가, 자인

영남	인석(茵席)	5	진주, 흥해, 풍기, 경산, 지례
영남	노석(蘆席)	4	창원, 하동, 함안, 철원
영남	점석(苫席)	3	대구, 밀양, 동래
영남	치계(雉鷄)	2	진보, 삼가
영남	죽기(竹器)	1	창원
영남	목반(木盤)	1	창원
영남	노집(노립(蘆笠))	1	창원
영남	송판(松板)	1	성주
영남	주자	1	거제
영남	건시(乾柿)	1	거제
영남	해송자(海松子)	1	거제
영남	석류(石榴)	1	거제
영남	부정	1	거제
영남	시기	1	영천
영남	평량자(平涼子)	1	풍기
영남	심석	1	자인
관동	지지(紙地)	3	원주, 회양, 춘천
해서	유기(柳器)	7	연안, 곡산, 장연, 안악, 문화, 은율, 토산
해서	목물(木物)	3	황주, 재령, 문화
해서	지지(紙地)	1	곡산
해서	치계(雉鷄)	1	토산

전도(지역 전체)

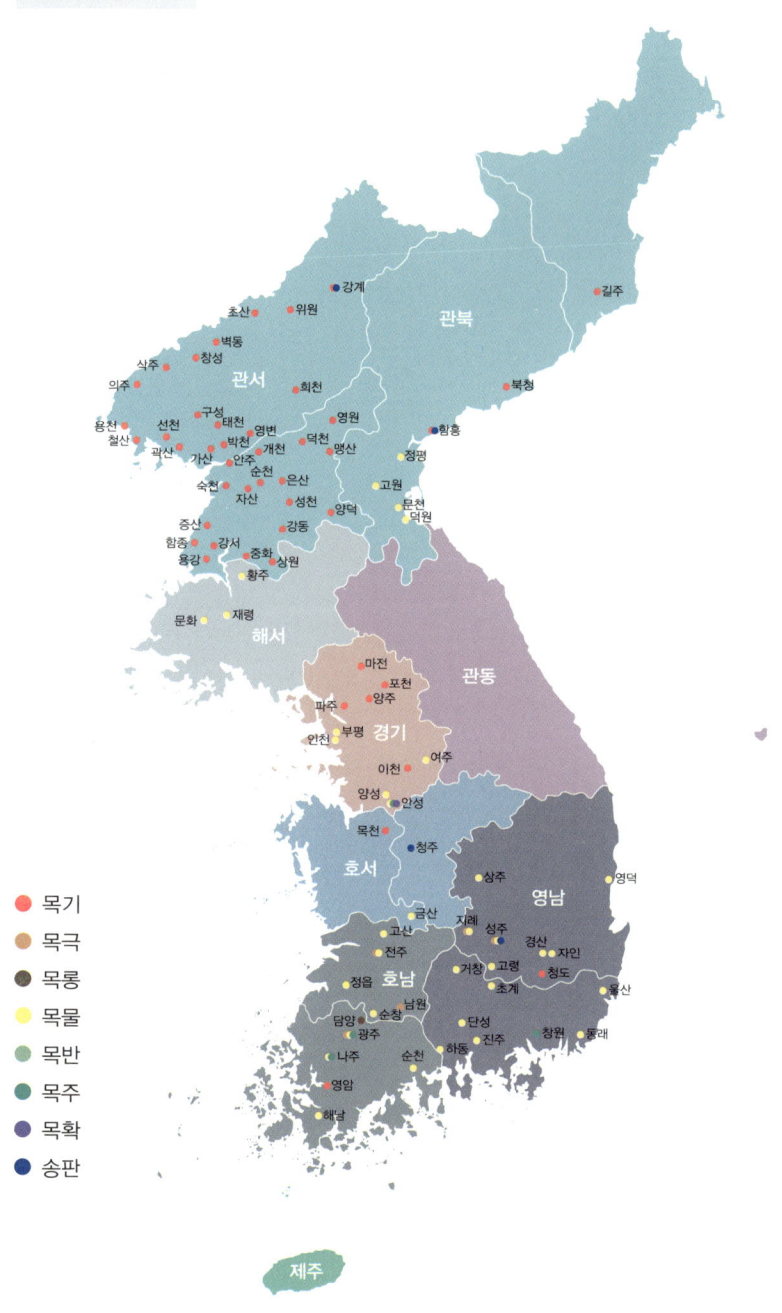

관서 지역

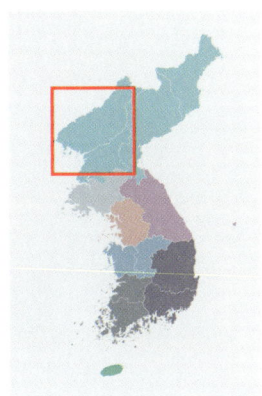

 목기
 송판

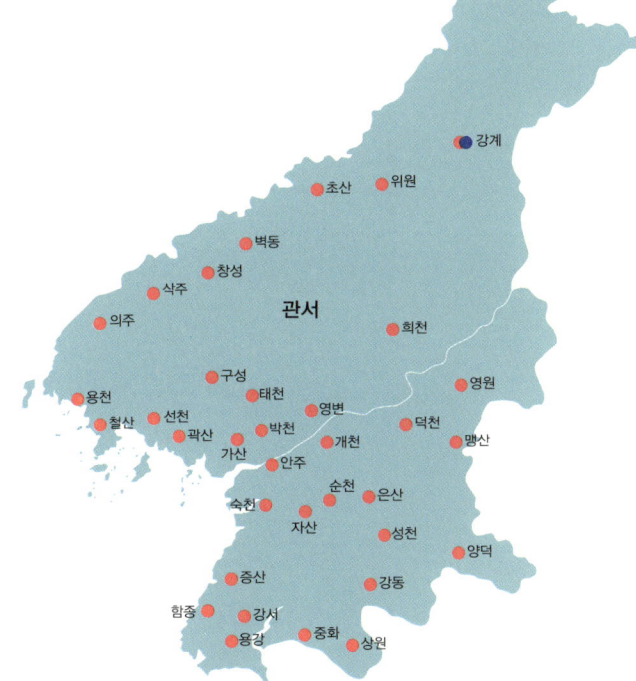

부록. 『임원십육지』 팔역장시의 지역

관북 지역

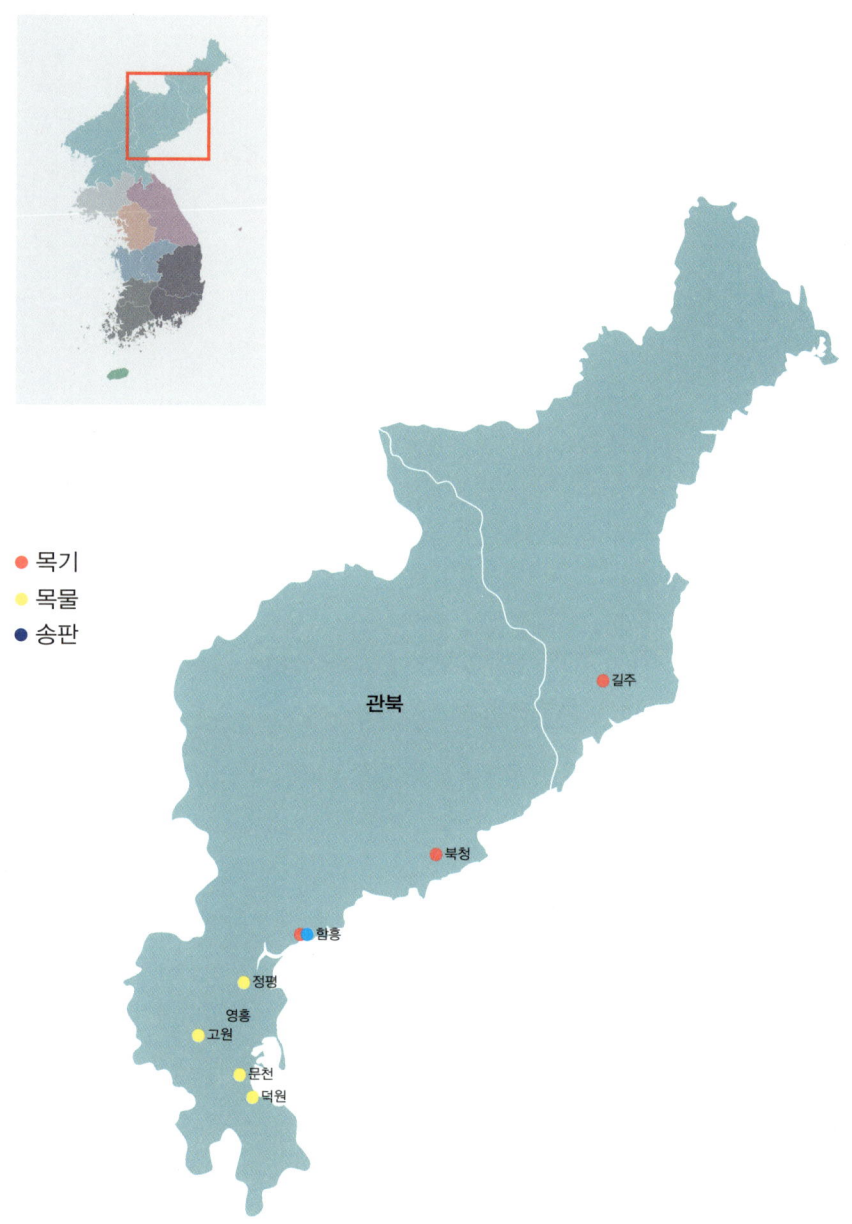

- 목기
- 목물
- 송판

196

해서 지역

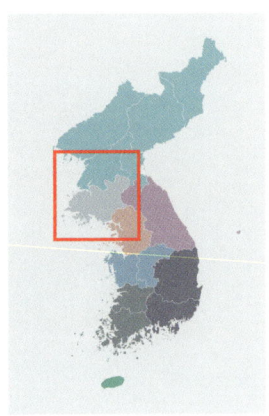

● 목물

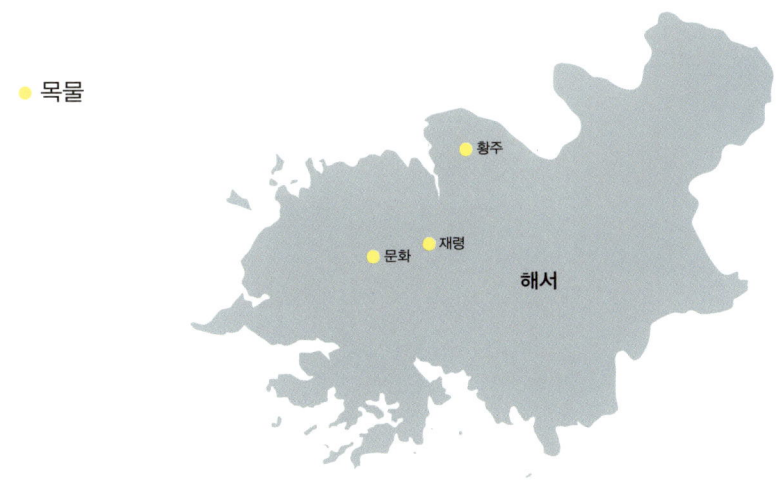

부록. 『임원십육지』 팔역장시의 지역

경기 지역

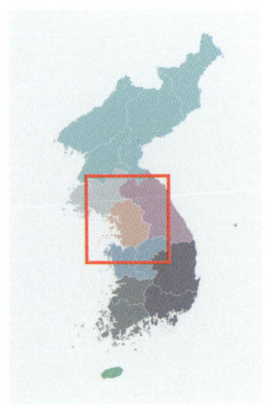

- 목기
- 목물
- 목반
- 목확

호서 지역

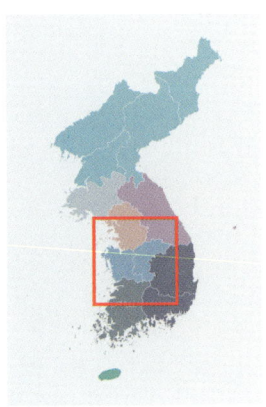

- 목기
- 목물
- 송판

부록. 『임원십육지』 팔역장시의 지역

호남 지역

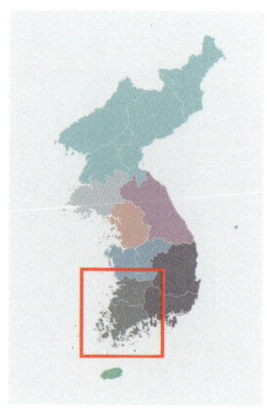

- 목기
- 목극
- 목롱
- 목물
- 목반

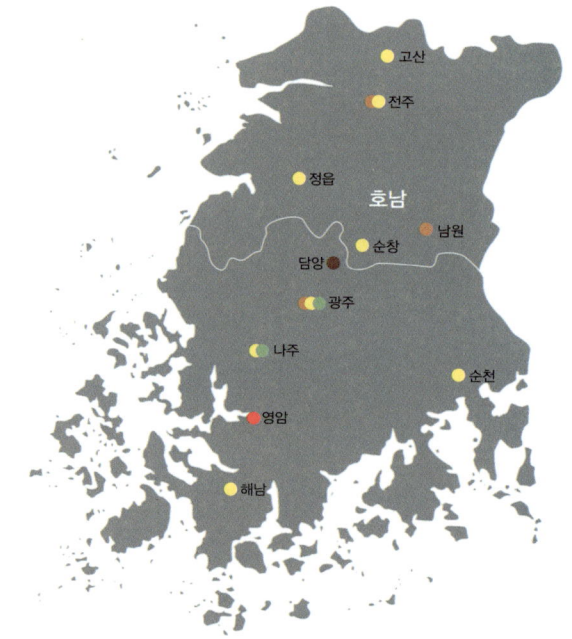

영남 지역

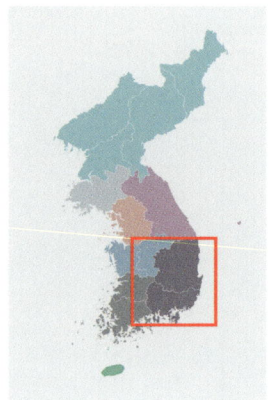

- 목기
- 목극
- 목물
- 목반
- 송판

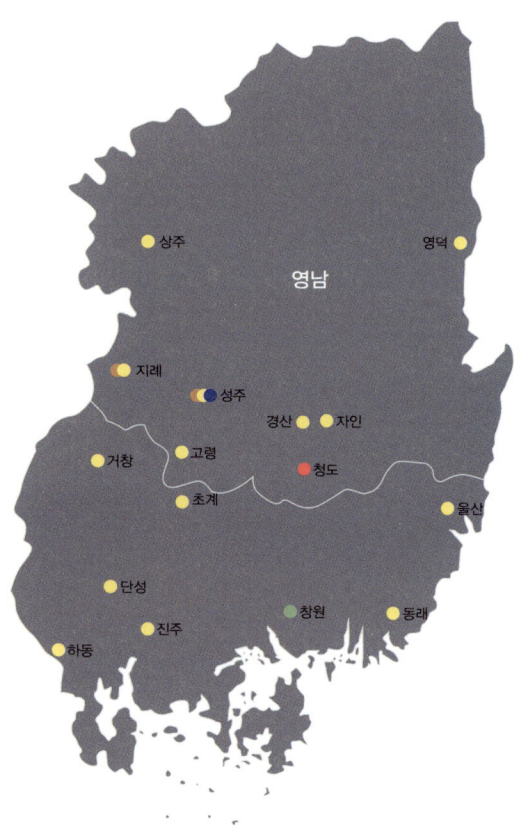

부록. 『임원십육지』 팔역장시의 지역

가례·국장도감의궤 기록의 목장·칠장 소용 현황(수)

» 선조

의궤 명	제작년도	장소	木手	小木匠	漆匠	私漆匠
의인왕후산릉도감의궤	1600 (선조33)	別工作	5	2	1	2
		工匠秩	16	1	3	-
의인왕후빈전혼전도감의궤	1600 (선조33)	二等 匠人	20	-	1	
선조재존호도감의궤	1604 (선조37)	匠人秩 一等	-	1	1	-
		匠人秩 二等	1	1	2	-
		匠人秩 二等	-	2	2	-
		三房 一等	1	2	1	-
		三房 二等	1	-	1	-
호성선무청난공신도감의궤	1604 (선조37)	宣武色	-	-	1	-

» 국장도감의궤

의궤 명	제작년도	장소	木手	小木匠	漆匠	假漆匠	眞漆匠
선조국장도감의궤	1609 (광해군즉위)	一房 工匠下人秩	27	27	5		
		一房	1	4	2		
		二房	3	3	3	2	
선조비인목후 국장도감의궤	1632 (인조10)	魂殿 各色匠人	7	2	4		
		別工作 排備			7		
		梓宮	5		2		
		魂殿	11	5	8		

의궤 명	제작년도	장소	木手	小木匠	漆匠	假漆匠	眞漆匠
인조국장도감의궤	1649 (인조27)	一房 工匠秩	24	9		10	3
		二房 工匠秩	3	3		4	2
		三房 工匠秩		3	4	2	
효종국장도감의궤	1659 (현종즉위)	一房 工匠秩	25	9		7	3
		二房 匠人	3	3		3	2
		三房 工匠秩	2	3	4		
		別工作	4		2		
인선왕후국장도감 도청의궤	1674 (현종15)	一房 工匠秩	11	7		5	2
		二房 工匠秩	2	3	2	2	
		分長興庫			2		
		三房 分典設司 工匠秩	2	4	4	2	
		附論賞 工匠秩	5		2		
현종국장도감의궤	1675 (숙종즉위)	一房 匠人秩	12	7		4	2
		二房 工匠秩	2	3		2	2
		分長興庫 處所			2		
		三房 虞主所	1	5	4	2	
인경왕후국장도감 도청의궤	1681 (숙종7)	一房 工匠秩	17	5		5	2
		二房 工匠秩	3	3	3	3	
		分長興庫			2		
		三房 工匠秩	1	5	4	2	
명성왕후국장도감 이방의궤	1684 (숙종10)	二房 工匠秩	4	3		3	2
		三房 工匠秩	1	5	4	2	
인조장렬후국장 도감도청의궤	1688 (숙종14)	一房 工匠秩	3	3		2	3
		分長興庫			2		
인현왕후국장도감 도청의궤	1701 (숙종27)	一房	14	5	6		2
		別工作 工匠秩	11		3		
		二房 工匠秩	3	3	2	2	

의궤 명	제작년도	장소	木手	小木匠	漆匠	假漆匠	眞漆匠
인현왕후국장도감 도청의궤	1701 (숙종27)	分長興庫			1		
		三房 匠人秩	1	7	4	2	
숙종국장도감의궤	1720 (경종즉위)	一房 工匠秩	16	4		6	2
		二房 工匠秩	3	3		2	2
		三房 工匠秩	2	5	4	2	
		分長興庫			2		
		別工作 工匠秩	11		3		
경종국장도감의궤	1724 (영조즉위)	一房 工匠秩	14	3	3	4	
		二房 工匠秩	3	3		2	2
		三房 工匠秩	2	5	5	1	
		分長興庫			1		
		別工作 工匠秩	12		2		
선의왕후국장도감 의궤	1730 (영조6)	一房 工匠秩	11	4		4	3
		二房 工匠秩	3	3	2	2	
		三房 工匠秩	1	4	4	2	
		分長興庫			1		
		別工作 工匠秩	13		2		
인원왕후국장도감 도청의궤	1757 (영조33)	一房 工匠秩	12	7	3	6	
정성왕후국장도감 도청의궤	1757 (영조33)	一房 工匠秩	16	8			3
		二房 工匠秩	3	2	2	2	
		三房 工匠秩	1	4	4	2	
		分長興庫			1		
영조국장도감의궤	1776 (정조즉위)	一房 工匠秩	16	7	3	7	
		二房 工匠秩	3	4	4	5	
		三房 工匠秩		4	3	1	
		分長興庫			1		
		分典設司			1		
		修理所			2		
		別工作 工匠秩	14	2		3	

의궤 명	제작년도	장소	木手	小木匠	漆匠	假漆匠	眞漆匠
정조국장도감의궤	1800 (순조즉위)	一房 工匠秩	34	8	4	9	
		二房 工匠秩	5	6		6	3
		三房 工匠秩		4	4	3	
		分長興庫			1		
		分典設司			2		
		別工作 工匠秩	15	3		2	
정순왕후국장도감 도청의궤	1805 (순조5)	一房 工匠秩	24	9	4	15	
		二房 工匠秩	7	4		6	4
		三房 工匠秩		6	4	2	
		分長興庫			1		
		分典設司			2		
		別工作 工匠秩	15	1		1	1
효의왕후국장도감 의궤	1821 (순조21)	一房 工匠秩	21	6		12	3
		二房 工匠秩	5	3	2	3	
		三房 工匠秩		6	4		
		分長興庫			1		
		分典設司			1		
		虞主所		1	1		
순조대왕국장도감 의궤	1834 (헌종즉위)	一房 工匠秩	18	7	2	5	
		二房 工匠秩	4	5	3	10	
		三房 工匠秩		8	4	2	
		分長興庫				1	
		分典設司				2	
		虞主所		1		1	
		別工作 工匠秩	7	3	2		
효현왕후국장도감 의궤	1843 (헌종9)	一房 工匠秩	15	7		5	3
		二房 工匠秩	2	4		2	4
		三房 工匠秩		9	6	2	

의궤 명	제작년도	장소	木手	小木匠	漆匠	假漆匠	眞漆匠
효현왕후국장도감의궤	1843 (헌종9)	分長興庫			1		
		虞主所		1	1		
헌종대왕국장도감의궤	1849 (철종즉위)	一房 工匠秩	15	7		5	3
		二房 工匠秩	3	7		4	4
		三房 工匠秩		3	3	2	
		分長興庫			1		
		分典設司			2		
		別工作 工匠秩	7	4			
순원왕후국장도감의궤	1857 (철종8)	一房 工匠秩	9	5		2	2
		二房 工匠秩	2	4		2	3
		三房 工匠秩		3	2	2	
		分長興庫			1		
		分典設司			2		
		別工作 工匠秩	7	4	1		
		虞主所		1	1		
철종대왕국장도감의궤	1864 (고종1)	一房 工匠	9	5		2	2
		二房 工匠	3	6	4	1	
		三房 工匠		2	1	1	
		分長興庫 工匠			1		
		分典設司 工匠			2		
		別工作 工匠	10	5			
		虞主所 工匠		1	1		
철인왕후국장도감의궤	1878 (고종15)	一房 工匠	17	6		4	2
		二房 工匠	2	4		2	3
		三房 工匠		2		1	1
		分長興庫 工匠			1		
		分典設司 工匠			1		
		別工作 工匠	4	3	1		
		虞主所 工匠		1	1		

의궤 명	제작년도	장소	木手	小木匠	漆匠	假漆匠	眞漆匠
신정왕후국장도감의궤	1890 (고종27)	一房 工匠	14	4		4	2
		二房 工匠	4	4		2	3
		三房 工匠		3	2	2	
		分長興庫 工匠			1		
		分典設司 工匠			2		
명성황후국장도감의궤	1895 (고종32)	一房 工匠	14	4		2	2
		二房 工匠	3	3		1	2
		三房 工匠		2	2	2	
		排設所 工匠			2		
효정왕후국장도감의궤	1903 (광무7)	一房 工匠	18	6		5	2
		二房 工匠	5	5		3	2
		三房 工匠		2		1	1
		虞主所 工匠		2	1		
		鋪陳所 工匠			1		
		排設所 工匠			2		
순명왕후국장도감의궤	1904 (광무8)	一房 工匠	18	6		5	2
		二房 工匠	2	1		1	1
		三房 工匠	2	2	2		
		鋪陳所 工匠			1		
		排設所 工匠			2		
순헌귀비예장의궤	1911	-	5		3		

» 가례도감의궤

의궤 명	제작년도	장소	木手	小木匠	漆匠	假漆匠	眞漆匠
소현세자가례도감의궤	1627 (인조5)	一房 諸色工匠秩	1	4	4		
		二房 工匠	1	4	4	1	
		三房 匠人秩			5		

의궤 명	제작년도	장소	木手	小木匠	漆匠	假漆匠	眞漆匠
인조인렬후가례도감의궤	1638 (인조16)	一房 匠人		3	4		
		二房 義仗造作各色匠人			2		
		三房 玉册色			2		
		三房 器皿色	2	3	5		
현종명성후가례도감의궤	1651 (효종2)	一房 工匠秩	4	5	5		
		二房 工匠秩	2	5	6		
		三房 工匠秩	3	5	6		
숙종인경후가례도감왕세자가례시도청의궤	1670 (현종11)	一房 工匠秩	5	7	5	2	
		內資寺 匠人秩	13		6		
		二房 工匠秩	3	7	8		
		三房 工匠秩	2	7	8		
		別工作 工匠秩	7	1	2		
숙종인현후가례도감의궤	1680 (숙종6)	一房 匠人秩	5	7		2	5
		二房 工匠秩	3	10	7	3	
		三房 諸色工匠秩	3	7	6		
		別工作 工匠秩	8	5	2		
경종단의후가례도감의궤	1696 (숙종32)	一房 工匠秩	4	8		8	6
		二房 工匠秩	6	8	6	2	
		三房 諸色工匠秩	3	7	8		
		別工作 工匠秩	14		2		
숙종인원왕후가례도감의궤	1702 (숙종28)	一房 工匠秩	5	7		3	6
		二房 工匠秩	6	7	7	2	
		三房 諸色工匠秩		6	8		
		別工作 工匠秩	10		2		
경종선의후가례도감의궤	1718 (숙종44)	一房 工匠秩	6	7	7	2	
		二房 諸色工匠秩	6	7	7	2	
		三房 諸色工匠秩	3	6	8		

의궤 명	제작년도	장소	木手	小木匠	漆匠	假漆匠	眞漆匠
진종효순후가례도감의궤	1727 (영조3)	一房 工匠秩	3	7	8	3	
		二房 諸色工匠秩	6	7	7	1	
		三房 諸色工匠秩	3	10	8		
		別工作 工匠秩	14		1		
장조헌경후가례도감의궤	1743 (영조19)	一房 工匠秩	4	7	7	2	
		二房 諸色工匠秩	6	6	6	2	
		三房 諸色工匠秩	3	6	4		
		別工作 工匠秩	14		2		
영조정순후가례도감도청의궤	1759 (영조35)	一房 工匠秩		8	7	4	
		二房 諸色工匠秩	2	6		2	5
		三房 諸色工匠秩		4	6		
		別工作 工匠秩	11	3	1		
		修理所	13		2		
정조효의후가례도감의궤	1761 (영조37)	一房 工匠秩		7	7	2	
		二房 工匠秩	2	10	8	2	
		別工作 工匠秩	13	3	2		
		修理所	15		2		
순조순원후가례도감의궤	1802 (순조2)	一房 工匠秩	5	10		5	5
		二房 工匠秩	3	7	4	2	
		三房 工匠秩		5	5		
		別工作 工匠秩	14	2	3	2	
		修理所	11		3		
헌종효현후가례도감의궤	1837 (헌종3)	一房 工匠秩	3	12		2	5
		二房 工匠秩		5	1	3	
		三房 工匠秩		2	2		
		別工作 工匠秩	15	4	2	2	
		修理所	15			1	

의궤 명	제작년도	장소	木手	小木匠	漆匠	假漆匠	眞漆匠
헌종효정후가례도감의궤	1843 (헌종9)	一房 工匠		15		2	4
		二房 工匠		7	4	2	
		三房 工匠		1	1		
		別工作 工匠	10	5		4	1
		修理所	10			1	
철종철인후가례도감의궤	1851 (철종2)	一房 工匠秩	2	10		2	5
		二房 工匠秩		3	2	4	
		三房 工匠秩		1	1		
		別工作 工匠秩	3	1		1	1
		修理所	7			1	
고종명성후가례도감의궤	1866 (고종3)	一房 工匠	3	5		2	5
		二房 工匠		1	1	1	
		三房 工匠		2			1
		別工作 工匠	3	3		1	1
		修理所	5			1	
순종순명후가례도감의궤	1881 (고종18)	一房 工匠		10		2	6
		二房 工匠	1	7	4	1	
		三房 工匠		6	2		
		別工作 工匠	10	3		2	2
		修理所	13		1		
순종순종비가례도감의궤	1906 (광무10)	一房 工匠	3	3		2	2
		二房 工匠		2	2	1	
		三房 工匠		10			2
		別工作 工匠	3	3		1	1
		修理所	5			1	

국가무형문화재 및 시도무형문화재 목칠 분야 전승 현황

» 국가무형문화재 전승현황 (2017년 기준)

No.	종목		보유자				
	명칭	지정일	성명	성별	생년	기능	인정일
1	제10호 나전장	1992.11.10.	송방웅	남	1940	끊음질	1990.10.10.
2			이형만	남	1946	줄음질	1996.12.10.
3	제55호 소목장	1991.05.01.	엄태조	남	1944	소목	2014.09.16.
4			박명배	남	1950		2010.04.22.
5			소병진	남	1952		2014.09.16.
6	제99호 소반장	1992.11.10.	김춘식	남	1936	소반 제작	2014.09.16.
7			추용호	남	1950		2014.09.16.
8	제108호 목조각장	1992.11.10	전기만	남	1929	목조각	2001.12.21.
9			박찬수	남	1949		2005.04.20.
10	제113호 칠장	2001.03.12.	정수화	남	1954	정제	2001.03.12.

» 시도무형문화재 전승현황 (2017년 기준)

No	지역	종목		보유자				
		명칭	지정일	성명	성별	생년	기능	인정일
1	서울	제1호 칠장	1989.03.17	신중현	남	1934	생옻칠	1996.12.31
2			1996.12.31	손대현	남	1950	옻칠	1999.12.07
3			2002.01.23	홍동화	남	1945	황칠	2002.04.23
4			2004.08.10	김환경	남	1943	칠화	2004.08.10
5			2009.03.05	정병호	남	1939	남태칠	2009.03.05
6		제14호 나전장	2004.08.10	정명채	남	1951	끊음질	2004.08.10
7		제26호 소목장	2001.10.23	김창식	남	1947	가구제작	2001.10.23
8			2006.11.13	심용식	남	1953	창호제작	2006.11.13

No	지역	종목			보유자				
		명칭	지정일		성명	성별	생년	기능	인정일
9	부산	제20호 목조각장	2013.05.08		이강현	남	1957	불상조각	2013.05.08
10	대구	제22호 목조각장	2009.03.30		이방호	남	1957	목조각	2009.03.30
11	광주	제20호 나전칠장	2010.02.16		김기복	남	1941	나전칠기 등	2010.02.16
12	대전	제6호 불상조각장	1999.05.26		이진형	남	1956	불상조각	1999.05.26
13		제7호 소목장	1999.05.26		방대근	남	1952	소목	1999.05.26
14	경기도	제14호 소목장	2006.03.20		권우범	남	1952	가구제작	2006.03.20
15		제14-1호 소목장	1995.08.07		김순기	남	1942	창호제작	1995.08.07
16		제14-2호 소목장	2002.11.25		김의용	남	1953	백골제작	2002.11.25
17		제17호 생칠장	1997.09.30		김영희	남	1959	생칠	1997.09.30
18		제24-1호 나전칠기장	1998.09.21		배금용	남	1944	칠공예	1998.09.21
19		제24-2호 나전칠기장	1998.09.21		김정렬	남	1955	나전공예	1998.09.21
20		제49호 목조각장	2010.03.02		한봉석	남	1960	목조각장	2010.03.02
21	강원도	제11호 칠정제장	2003.03.21		박원동	남	1940	칠정제	2003.03.21
22		제12호 칠장	2003.03.21		김상수	남	1960	칠	2003.03.21
23		제13호 나전칠기장	2003.03.21		박귀래	남	1962	나전칠기	2003.03.21
24		제17호 생칠장	2005.07.01		이돈호	남	1962	생칠	2004.05.21
25		제29호 불교목조각장	2016.11.11		고윤학	남	1958	불교목조각	2016.11.11
26	충청북도	제15호 소목장	2006.05.26		김광한	남	1952	사찰가구제작	2013.12.06
27		제21호 목불조각장	2010.07.09		하명석	남	1960	불상조각	2010.07.09
28		제27호 칠장	2013.08.02		김성호	남	1957	칠	2013.08.02
29	충청남도	제18호 소목장	1996.02.27		조찬형	남	1938	전통창호제작	1996.02.27
30		제46호 논산목조각장	2013.08.12		김태길	남	1959	목조각장	2013.08.12
31		제47호 논산 칠장	2013.08.12		문재필	남	1963	칠장	2013.08.12
32	전라북도	제11호 목기장	1993.06.10		노동식	남	1939	목기	1997.12.04
33		제13호 옻칠장	1995.12.20		이의식	남	1954	옻칠	1998.11.27
34					김영돌	남	1940	옻칠	1999.10.08
35					안곤	남	1960	옻칠	2006.11.17
36					박강용	남	1963	정제	2008.01.04

No	지역	종목		보유자				
		명칭	지정일	성명	성별	생년	기능	인정일
37	전라북도	제19호 목가구	1998.01.09	김재중	남	1950	전통창호	2000.11.24
38				천철석	남	1956	소목장	2014.10.24
39		제42호 불교목조각장	2010.12.24	임성안	남	1958	목조각	2010.12.24
40		제50호 전주나전장	2013.10.25	최대규	남	1951	나전	2013.10.25
41		제58호 민속목조각장	2017.01.06	김종연	남	1961	목조각	2017.01.06
42	전라남도	제14호 나주반장	1986.11.13	(김춘식)	남	국가무형문화재 제99호 소반장 보유자 인정(2014.9.16)		
43		제56호 목조각장	2013.12.19	김규석	남	1937	떡살제작	2013.12.19
44	경상남도	제24호 통영 소목장	2002.04.04	(추용호)	남	국가무형문화재 제99호 소반장 보유자 인정(2014.9.16)		
45		제29호 소목장	2004.10.21	정진호	남	1953	소목장	2004.10.21
46				김동귀	남	1954		2012.08.23
47				조복래	남	1963		2016.01.17

참고문헌

『說文解字』

『釋名』

『桂苑筆耕集』

『宣和奉使高麗圖經』

『三國史記』

『經國大典』

『朝鮮王朝實錄』

『儀軌』

『高麗史』

『高麗史節要』

『默齋日記』

『本草綱目』

『備邊司謄錄』

『承政院日記』

『天工開物』

『正字通』

『星湖僿說』

『沙溪全書』

『日省錄』

『金華耕讀記』

『東史綱目』

『雅言覺非』

『林園經濟志』

단행본 및 보고서

강만길,『한국사』, 국사편찬위원회, 1975.
서인화 외,『譯註 景慕宮樂器造成廳儀軌』, 국립국악원, 2009
국립문화재연구소,『나전장』, 민속원, 2006.
_____,『칠장』, 민속원, 2006.
_____,『국역 정조국장도감의궤』Ⅰ, 2005.
국립부여문화재연구소,『궁남지Ⅱ-현 궁남지 서북편 일대』, 국립문화재연구소, 2001.
김삼대자,『소목장 : 중요무형문화재 제55호』, 국립문화재연구소, 2003.
_____,『한눈에 보는 소목』, 한국공예·디자인문화진흥원, 2013.
김희수, 김삼기,『민속유물의 이해Ⅰ-목가구』, 국립민속박물관, 2003.
김희수, 김삼기,『민속유물의 이해-목가구』, 대원사, 2004.
민승기,『조선의 무기와 갑옷』, 가람기획, 2004.

박상진 외,『목재조직과 식별』, 향문사, 1987.
박영규,『한국 미의 재발견-목칠공예』, 솔출판사, 2005.
박종민,『목가구 나무에 생명을 더하다』, 연두와 파랑, 2011.
배희한·이상룡,『이제 이 조선톱에도 녹이 슬었네』, 뿌리깊은나무, 1981.
신병주,『66세의 영조 15세 신부를 맞이하다』, 효형출판, 2001.
영건의궤연구회,『영건의궤-의궤에 기록된 조선시대 건축』, 동녘, 2010.
유중림,『증보산림경제』, 민족문화추진회, 1985.
윤용현,『전통 속에 살아 숨 쉬는 첨단 과학 이야기』, 교학사, 2012.
예용해,『예용해전집-인간문화재』, 대원사, 1997.
이왕기 외,『한국의 건축생산 도구에 관한 연구』, 한국연구재단, 2005.
이종석,『韓國의 木工藝』상·하, 열화당, 1986.
_____,『한국의 전통공예』, 열화당, 1994.
이필우,『한국산 목재의 성질과 용도』, 서울대학교 출판부, 1997.
정동찬 외,『전통과학기술 조사연구(Ⅳ)-조개가루, 숯, 부레풀, 도박풀, 아교』, 국립중앙과학관, 1996.
정동찬 외,『전통과학기술 조사연구(Ⅴ)-목공도구, 가죽다루기』, 국립중앙과학관, 1997.
정진철,『생활 속의 화학과 고분자』, 자유아카데미, 2010.
정희석,『목재용어사전』, 서울대학교출판부, 2005.
야나기 무네요시(柳宗悅),『韓民族과 그 藝術』, 探究堂, 1987.

화학용어사전편찬회,『화학용어사전』, 일진사, 2011.
朝鮮總督府,『朝鮮の物産』, 朝鮮印刷株式会社, 1927.
孔凡胜,「菏澤元代古沉船出土平木工具-"刨子"初探」, 2011.
李湞,『中國傳統建築「木」作工具』, 上海: 同濟大學出版社, 2004.
Roger B. Ulrich, *Roman Woodworking*, Yale University Press, 2007.

도록

국립민속박물관,『나무와 종이-한국의 전통공예』, 2004.
국립민속박물관·대구대학교 중앙박물관·영남대학교 박물관,『나무, 일상을 수놓다』, 2014.
온양민속박물관,『나무, 향기로 빚다』, 2009

학위논문

김미라,「朝鮮後期 文房家具 硏究」, 홍익대학교 대학원 석사학위논문, 2000.
김재원,「조선시대 가구의 형태에 따른 구성요소와 목리의 상관관계 분석」, 중앙대학교 대학원 박사학위논문, 2011.
노기욱,「朝鮮時代 生活 木家具 硏究」, 전남대학교 대학원 박사학위논문, 2011.
문영식,「조선후기 山陵都監儀軌에 나타난 匠人의 造營活動에 관한 연구」, 명지대학교 대학원 박사학위논문, 2010.
박병호,「국내산 목재의 공예적 가치평가」, 강원대학교 대학원 박사학위논문, 2010.
배만실,「朝鮮後期 木工家具의 一硏究」, 이화여자대학교 대학원 박사학위논문, 1975.
이금주,「조선시대 衣걸이欌에 관한 연구-형태를 중심으로」, 대구효성카톨릭대학교 대학원 석사학위논문, 1995.
이용기,「목조건축물과 목가구의 결구방법에 관한 연구」, 동아대학교 대학원 석사학위논문, 1995.

학술지

김경미,「나전장인 김봉룡의 삶과 나전문양」,『한국 근·현대 나전도안 - 나전장 김봉룡의 도안』, 금강인쇄, 2010.
김대길,「조선후기 장시의 발달과 장꾼」,『실천민속학연구』Vol.6, 실천민속학회, 2004.
김삼대자,「한국의 전통 목가구」,『나무의 방』, 서울역사박물관, 2007.

_____, 「한국의 전통 목가구」Ⅲ, 『古美術』Vol.29, 한국고미술협회, 1990.

_____, 「한국의 전통목가구」Ⅳ, 『古美術』Vol.30, 한국고미술협회, 1991.

_____, 「〈洪武二十一年戊辰四月〉銘 가구의 양식과 명문연구」, 『미술사학연구』 Vol.271·272, 한국미술사학회, 2011.

박형철, 김희수, 「19세기 조선시대 목가구의 제작연유와 부분명칭에 관한 사례 연구」, 『미술디자인 논문집』Vol.9, 2005.

배영동, 「주거공간의 이용과 집 다스리기의 전통 : 국가와 집의 정치로서 주거문화」, 『비교민속학』Vol.26, 비교민속학회, 2004.

신랑호, 김정호, 「목재의 맞춤 기법에 관한 연구」, 『논문집』, Vol.31 No.3, 강원대학교, 1998.

신숙, 「통일신라 평탈공예 연구」, 『미술사학연구』 제242·243호, 한국미술사학회, 2004.

이경미, 「발굴유물로 본 삼국-고려시대 건축도구 시론」, 『건축역사연구』Vol.14-2, 한국건축역사학회, 2005.

이왕기, 「나무와 건축」, 『대한건축학회지』Vol.36-4, 대한건축학회, 1992.

이왕기, 「조선후기의 건축도구와 기술」, 『전통과학기술학회지』Vol.1-1, 한국전통과학기술학회, 1994.

이운천, 최공호, 「부여 출토 고대 평목공구의 기능과 명칭 - 탕(鐋)추정 유물 - 」, 『무형유산』Vol.2, 국립무형유산원, 2017.

이정수, 「『묵재일기』를 통해 본 지방 장인들의 삶」, 『지역과 역사』Vol.18, 부경역사연구소, 2006.

최공호, 「고구려 榻의 형식과 기원」, 『미술사의 정립과 확산 - 恒山安輝濬敎授停年紀念論叢』, 사회평론, 2006.

최공호, 「한국 옻칠공예의 전통과 전승」, 『전통옻칠공예』, 한국문화재보호재단, 2006.

최공호, 「갈이틀(族車)의 명칭과 磨造匠의 소임」, 『미술사논단』Vol.43, 한국미술연구소, 2016.

한영국, 「商工業 발달의 시대적 배경」, 『한국사 시민강좌』Vol.9, 1991.

신문기사

「民藝의 마을 (3) 統營의 螺鈿漆器」, 『경향신문』, 1966.07.04. 기사.
「山地 찾아서 傳統器物 匠人정신 생활용품서 실감」, 『매일경제』, 1991.02.08.